U0144655

應用量子力學

Applied Quantum Mechanics

趙聖德　著

五南圖書出版公司 印行

序

近年來由於奈米科技的日新月異，傳統理工學院的課程中逐漸加入或加強了量子力學的內容及觀念。由於大多數學生是在研究所階段才開始接觸量子力學，傳統兩學期（或三學期）的量子力學課既多且深，因而造成大多數初學者極大的挫折感。確實教或學量子力學並不是很容易的事，有鑑於此，三年前我開始構思編寫一本精簡版本的量子力學，以便能在一學期（約 18 週）上完，使傳統理工科的學生能早一點熟悉這套語言及工具。這樣「速成式」的教法，當然不可避免的忽略掉了許多正規量子力學課程中所討論的題材。所幸市面上有很多好的量子力學的書，可以在讀完本書後做為參考。

量子力學最應該著重的（如同物理學其他基本科目一樣），是它在各個不同領域的應用，所以本書不但講述了基本的概念和方法，並且在每一個方法之後提供例題式的演練，以使學生能知道至少一個方面的應用，也因此我決定用「應用量子力學」來做書名。這樣的一個編寫方式，即使在西文書中，也是少見的，可以說是一種新的嘗試。即便如此，我相信這本書應該對大多數初學量子力學而又想在短時間內應用它在各自所研究的課題上的學生能有所助益。

這本書的內容（主要第一章到第三章），曾在台灣大學應用力學所的同名選修課中試教過，修習本課程的學生多數來自工學院，有少部分來自理學院及生命科學院。在此特別感謝所內同仁及選課學生所提供的改進意見。並希望讀者先進能給予指點撥正。最後我想感謝我的家人對我的支持和鼓勵。

趙聖德

目 錄

Chapter 1

基本量子力學

1.1 概　論
1.2 歷史小註
1.3 假　設
1.4 水丁格方程式

1.1 概 論

量子力學，如同物理學其它的基本學理（例如古典力學（Classical Mechanics）及古典場論（Classical Field Theory））一樣，是我們在科技發展及理論分析逐漸接觸到微觀尺度中，發現觀測的現象和理論的預測開始產生矛盾的情形下而反覆省思出來的。在十九世紀末對於物質微觀結構的研究中，人們發現了許多不能用已知古典理論得到一致自洽解釋的新現象（例如黑體輻射（blackbody radiation）、光電效應（photoelectric effect）、原子光譜（atomic spectra）、固體比熱（solid specific heat）等等，統稱為量子現象）。實驗迫使我們修改既成而未經檢驗的古典物理概念（例如軌道、粒子性等），進而修正到一個自洽的理論體系。這套量子力學，除了在有關測量的觀念解釋上引起爭論外，在經過上一世紀的實際應用上，尚未發現有根本性的錯誤。現在一般相信，在原子尺度（約 0.1nm）到古典場論不適用的範圍（約 0.1mm）內，量子力學是一套合適的理論。確實近年來由於奈米科技（nanotechnology）的發展，許多實驗難以達成的觀測，都可藉由量子力學理論來輔助預測奈米尺度物理系統的行為。因此量子力學應該成為現代理工方面研究者的必備工具之一。

量子力學的教或學，都不是一件容易的事。偏離直覺的基本概念和所必需的數學工具的難度是使初學者望而怯步的主要因素。然而我個人覺得，其實大部分的困難還是在於心理因素。不論是從歷史的角度或是學術的角度，量子力學可以視為是古典粒子論和古典場論的某種綜合體。雖然所謂的量子概念有些「反直覺」，但這只是因為我們習慣把一些不証自明的概念當成是無可非議的緣故。如果反思何謂粒子（particle），何謂波動（wave），大多數人也很難給出一個簡單的定義而不論及實務上的觀測問題，所以一開始就被這一類的所謂「二重性」（duality）弄混而裹足不前，實在是無謂的。至於數學技巧，則大多在大學時期已有足夠的基礎，只需稍加複習演練，則應該不成問題。如果運用波方程式和波函數（wavefunction）之類的工具（如本書所採取的方法），則大多數的數學都是已學過的。初學者如果一開始就被抽象的數學結構所嚇退，則大可不必。

有鑑於此，本書一開始介紹基本的量子概念後（主要是人們對於物質結構和原子光譜的理解），就直接介紹組成量子力學的假設（postulates）。在這些假設中，又以動力方程式即水丁格（Schrödinger）方程式最為重要（正如牛頓（Newton）方程式之於古典力學、馬克斯威爾（Maxwell）方程式之於電磁學（Electromagnetics）、歐拉（Euler）方程式之於連續體力學（Continuum Mechanics）一般），在給定作用位能後，主要的工作就在於解水丁格方程式。由於所要解的波函數是一種機率波（probability wave），所以對於觀測量和所解波函數之間需要經由機率理論（Probability Theory）做連結。要注意的是量子力學並沒有改變自從拉普拉斯（Laplace）以來對於機率的概念，而只是改變了計算機率的方式。傳統事件數（event number）和樣本數（sample number）需經由特定的波函數的數學關係做連結，除此之外，由事件數除以樣本數所定義的機率概念仍然適用。

這樣一些過於簡短的敘述，當然不是說就能幫助讀者解決固有的問題，而只是先繞開一些可能阻礙學習的障礙物而直接使用這套理論。依作者自身的經驗，學量子力學最好的辦法就是從做中學，一旦熟悉了如何用這一套工具產生和實驗相符的結果並進而能預測實驗，在反覆思辨的過程中，自然就能理解其所代表的意義。希望這本書對大多數初學者是一個好的開始。

1.2 歷史小註

我們對於物質組成結構的探究，最早有文獻記載可以追溯到古希臘哲人們的思維。在沒有精密實驗的輔助下，許多種可能的猜想被提出來討論。其中有一派稱為原子論者（atomists）的哲學家們（主要是留西帕斯（Leucippus）和德莫克里特斯（Democritus））提出一種看法，即所有物質都是由不可再細分下去的粒子（稱為原子（atom））所組成的。這一派的看法雖然不被亞里士多德（Aristotle）所重視，卻在文藝復興時期的科學發展中做為一種主要的思考架構（註1）。例如牛頓力學中粒子的概念以及光的粒子說都源自於對此概念的接受。然而最初關於原子存在性的暗示，則是來自於化學家所做的一些實驗（例如定比定律（The law of definite proportions）之類）。十九世紀初有關於這一類實驗結合原子學說的推論被總結在道耳吞（Dalton）的原子假說中，這不僅意味著原子論的成功，也代表著現代化學脫離古代土法煉鋼式的研究而成為一種科學的開始。

然而用來支持道耳吞原子假說的實驗，畢竟是不夠精確的，對於原子論的深化，必須依靠光譜技術（spectroscopy）的進步。而此技術的進步，則和十九世紀人們對於電學的理解有很大的關係。這一類關於電學的研究，總結在馬克斯威爾的電磁理論中。這一工作促進了人們在光學、電工學以及真空技術上的發展，從而使得光譜學有了極佳的工作背景。

原子的線光譜（line spectra）有著令人驚異的規律性（見圖 1.1）。在十九世紀後期，這一類光譜線的規律性引起了人們極大的興趣並進而去找尋此規律的解釋。1885 年一位中學的教師巴爾末（Balmer）對於氫原子的某一特定光譜線（後稱為巴爾末系譜線）規律提出了下列公式來描述。

$$\frac{1}{\lambda}=\tilde{\upsilon}=R\left(\frac{1}{2^2}-\frac{1}{n^2}\right),\ n=3, 4, 5, ...$$

其中 λ 是光波長（wavelength），$\tilde{\upsilon}$ 稱為波數（wavenumber），R 是一個常數，稱為芮得柏常數（Rydberg constant），n 則代表光譜線的位置。這個公式表明了光譜線的一些重要特性。第一，光譜線是分立的（discrete），而並非連續的（continuous）分布。第二，這些分立線的位置和某一整數集有

註1 原子論雖早在古希臘時期即提出（Democritus, 460-371 BC），但因為亞里士多德學派不採用而沉寂多年，在中世紀後的文藝復興時期，1417 年義大利人 Poggio Bracciolini（1380-1459）發現了希臘詩人 Lucretius（96-55 BC）的手稿，其中一首長詩「論宇宙的本性（On the nature of the universe）」詳細地描述了原子論的看法，因而啟發了之後對原子學說的科學研究。

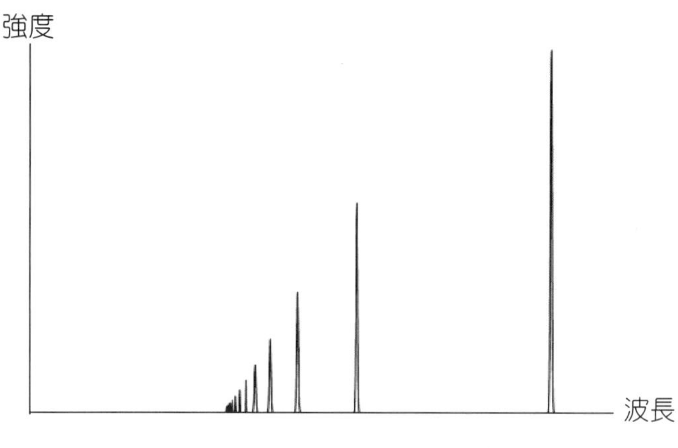

圖 1.1 氫原子的巴爾末光譜

一對一對應的特性。很快地巴爾末公式被推廣成如下的形式

$$\tilde{\upsilon}=R\left(\frac{1}{{n_1}^2}-\frac{1}{{n_2}^2}\right)\text{，}n_2>n_1$$

這公式可用來描述氫原子的其它譜線。在巴爾末公式提出後不久，芮得柏（Rydberg）提出了對於非氫原子能階的修正公式，稱為芮得柏公式

$$\tilde{\upsilon}=R\left(\frac{1}{(n_1-\delta_1)^2}-\frac{1}{(n_2-\delta_2)^2}\right)\text{，}n_2>n_1$$

其中 δ_1 和 δ_2 稱為量子缺陷（quantum defect），意即相對於氫原子譜線有一個修正參數。之後里茲（Ritz）更進一步提出所有原子譜線均可由兩項差所表示，即

$$\tilde{\upsilon}_{nm}=T_n-T_m$$

其中 T_n 及 T_m 稱為項值（term value）。由於這些公式和光譜線符合地相當好，但卻無法由當時已知的理論解釋，所以在這些經驗公式提出後，人們必須正視原子結構的問題。

1897 年湯姆生（Thomson）利用陰極射線管（cathode ray tube）發現了帶負電質量很小的電子（electron）。由於原子是電中性的，所以原子必然是由電子和某一帶正電的物質所組成。1911 年盧瑟福（Rutherford）由其金箔散射實驗的結果推論出這正電物質集中在很小的區域內（稱為原子核（nucleus）），於是建立了原子的核模型。由於電子很輕，所以原子核必然帶有原子大部分的質量。也就是說，重的原子核位於中心，而相對輕的電子分佈在原子核外。然而電子既不能靜止在空間中，又不能離開無限遠，則必須假設電子圍繞著原子核沿著某一個軌道運動，正如地球繞著太陽沿著橢圓軌道運動一般。這軌道必然是曲線型，即暗示電子在加速。依照馬克斯威爾電磁理論，加速電荷將輻射出電磁能，使系統不穩定。計算顯示出，這類模型將很快導致電子撞向原子核而使原子成為能量奇點（energy singular point）。為了避免這一奇異情況發生，1913 年波耳（Bohr）提出了波耳原子模型。此模型是基於盧瑟福的模型，但加入了二個非古典假設。第一是假設有某些特定的軌道存在使電子在這些軌道上運動卻不輻射電磁能，稱為穩定態（stationary states）或定態。並假設這些軌道上電子的角動量是分立的（即所謂角動量的量子化（quantization of angular momentum））。依照波耳模型考慮圓形軌道上（見圖 1.2）力平衡條件為

$$\frac{\mu v^2}{r}=\frac{kZe^2}{r^2}$$

其中 r 為圓軌道半徑，μ 為電子—原子核折合質量（reduced mass），v 為電子速度，Z 為原子核電荷數，e 為電子電量，k 為庫倫（Coulomb）常數，其

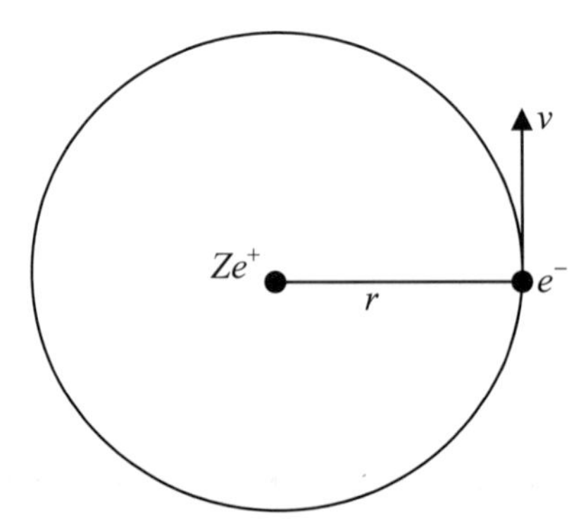

圖 1.2　波耳氫原子模型及軌道

中 $k = 1$（CGS 單位），$k = {}^{1}/_{4}\pi\varepsilon_0$（SI 單位），$\varepsilon_0$ 為真空介電率（permittivity in vacuum）。依量子化假設，角動量為

$$l = r\mu v = n\hbar,\ n = 1, 2, 3, \ldots$$

其中 $\hbar$ 為一常數（註2），則可解出 r 和 v

$$r = \frac{n^2\hbar^2}{kZe^2\mu}$$

$$v = \frac{kZe^2}{n\hbar}$$

亦即軌道及速度也隨之「量子化」。波耳進一步假設電子在這些穩定態之間做躍遷（transition）時（例如和光的作用）能量的改變和光的波數成正比，即

$$\Delta E = hc\tilde{\upsilon} = h\upsilon = \hbar\omega$$

其中 υ 為頻率（frequency），ω 為角頻率（angular frequency），c 為真空光速（speed of light in vacuum）。則利用能量的表示式

$$E = \frac{1}{2}\mu v^2 - \frac{kZe^2}{r} = -\frac{k^2Z^2e^4\mu}{2n^2\hbar^2}$$

可以推得由 n_2 到 n_1 之躍遷能量差

$$\Delta E = hc\tilde{\upsilon} = \left(\frac{k^2Z^2e^4\mu}{2\hbar^2}\right)\left(\frac{1}{{n_1}^2} - \frac{1}{{n_2}^2}\right)$$

如以波數表示即為巴爾末公式（取 $n_1 = 2$ 及 $Z = 1$）。

波耳模型最令人驚嘆的是不但推導出了巴爾末公式，而且實驗常數 R 可以用基本常數表示，即

註2 $\hbar = h/2\pi$，其中 h 稱為普朗克（Planck）常數，為量子力學中引入之普適常數。在 SI 單位制中，$h = 6.626 \times 10^{-34}\ J \cdot s$，可知其值非常小。

$$R=\frac{2\pi^2\mu e^4}{ch^3}=1.097\times 10^5\text{cm}^{-1}$$

其數值與實驗完全符合。這樣一個成功的模型促使人們開始研究波耳模型中所引入的非古典假設的正確性和適用性。對於穩定態的概念，是經由角動量量子化定義的。索末斐（Sommerfeld）在波耳模型提出後不久即指出這條件是古典力學中作用積分（action integral）不變性的一個特例。如假設電子加速時和電磁場的作用為絕熱的（adiabatic），則由彭卡瑞（Poincar'e）積分守恆定理知作用積分不變。對於圓形軌道運動此作用積分即為角動量。當然，為了將光譜分立性質加入此模型，波耳直接指定整數集做對應。這一指定完全是任意的，為配合實驗而引入的。另一個假設是有關於躍遷能量正比於波數的概念。此概念原本是普朗克（Planck）在 1900 年為解釋黑體輻射現象所引入，後經愛因斯坦（Einstein）於 1905 年加以深化並運用在光電效應的解釋上。注意能量改變正比於波數，一個可能的猜想即為光在和物質作用時相當於一顆一顆的粒子（稱為光量子（light quantum），或光子（photon））。這個猜測並不是古代原子論的簡單回歸，而是一種新的啟示。因為在馬克斯威爾方程式中光被描述為波動，其能量正比於波幅平方而與波數無關。然而在考慮能量交換時，波數會經由計算熵（entropy）而進入能量分配律中，普朗克所做的是引入了分立性（即量子化）的假設，能量差和波數的關係是在用古典統計熱力學的關係中即會出現的。愛因斯坦的光子猜測，是一項極為大膽的猜想，即光和電子相互作用（碰撞）時，表現出如粒子一般的行為（以能量及動量交換而言），這暗示了所謂的「波粒二重性」（wave-particle duality）。如果反思一下我們對於電磁場和物質作用的理解，會發現我們一般研究的是巨觀的電荷分布，馬克斯威爾方程式應用於微觀電荷分布純然是一種假設，因此我們不應當把巨觀熟悉的波動現象直接應用於電子和光的作用。反過來說巨觀熟悉的粒子概念在用到微觀現象時也應該要小心。1924 年德布羅依（de Broglie）應用光束最短光程原理和粒子作用量極小化原理的相似性，提議如使一粒子在運動時隨附一種領航波（pilot wave），稱為物質波（matter wave），其波長與粒子動量成反比，即

$$\lambda=\frac{h}{p}$$

其中 λ 為波長，p 為動量，h 為普朗克常數。則波耳的角動量量子化條件即可解釋為此波在軌道上形成駐波（standing wave）的條件（如圖 1.3），這意味著不但光有二重性，粒子也有二重性。此一啟發，結合普朗克—愛因斯坦的光量子猜想即為後來的量子力學完成了先「破」而後「立」的工作。1926 年水丁格為了找尋德布羅依物質波所滿足的方程式，寫下了劃時代的水丁格方程式，而後波恩（Born）提出了此波之機率性解釋，此後我們對於微觀世界粒子的運動概念就完全改變了。這在二十世紀初大約 20 多年中發生的革命（註3），迫使人們反思古典物理中許多未經詳查的概念，從而建立了一套新的、自洽的力學系統－量子力學。

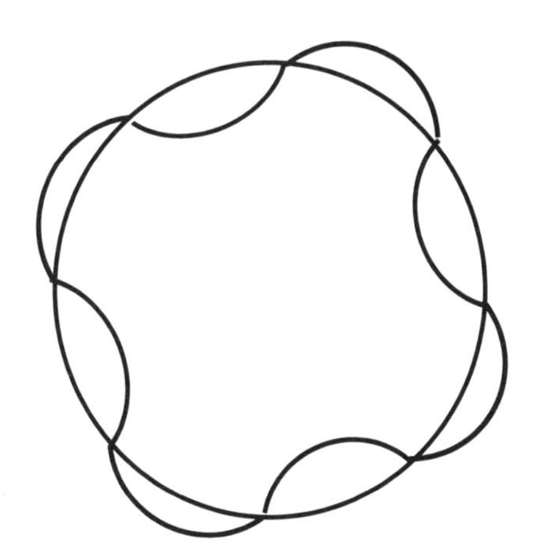

圖 1.3　在波耳氫原子軌道上的德布羅依波

註3　歷史上 1925 年海森堡（Heisenberg）為了解釋光譜中能量躍遷而提出的矩陣力學是量子力學的另一形成法，但本書不介紹這一方法，有興趣的讀者可參考吳大猷先生所著量子力學一書（聯經出版社）。

1.3 假　設

古典力學中牛頓方程式所描述的是粒子的軌跡（trajectory），亦即給定了粒子初始的位置和速度後，牛頓方程式的解即代表粒子之後的運動。然而由於微觀粒子是由水丁格方程式所描述的波函數，而此波函數本質上是一種機率波，粒子動力學行為由此機率波代表。所以在量子力學中我們不再能精確的描述粒子的軌跡。這一套新的力學，可以總結成下列幾個假設：

(1)物理系統的態（state）是由一波函數 ψ 描述，此波函數形成一個無限維度的線性射束（rays）空間（或叫希爾柏特空間，見附錄一）。波函數為複數，其為射束而非向量（vector）的差別則在於向量的絕對值大小是有意義的，而射束則為歸一化的（normalized）（即絕對值恆可取為 1）。因為波函數為複數，此歸一化容許有一個相差因子（phase factor）。也就是說任一波函數若乘上一常數仍代表同一物理態。這是由於波函數絕對值平方將解釋為機率分布（例如對空間），則全空間的積分將歸一化以符合機率的封閉性概念（見附錄二）。

(2)物理量（physical obscrvable）是由線性的束縛型赫密算符（bound Hermitian operator）代表，此算符作用於波函數上使其轉換成另一射束。如果 $\hat{x}$ 代表某一坐標算符（coordinate operator），則與其共軛動量算符（conjugate momentum operator）$\hat{p}$ 滿足下列對易關係（commutation relation）

$$[\hat{p},\hat{x}]\equiv\hat{p}\hat{x}-\hat{x}\hat{p}=\frac{\hbar}{i}$$

一般用一維坐標空間時，$\hat{p}$ 算符可表示成微分算符 $\hat{p}=-i\hbar\frac{d}{dx}$，以此類推在三維空間則 $\hat{p}=-i\hbar\nabla=-i\hbar\left(\hat{x}\frac{\partial}{\partial x}+\hat{y}\frac{\partial}{\partial y}+\hat{z}\frac{\partial}{\partial z}\right)$。

(3)物理系統在態 ψ 時，一可觀測量 $\hat{Q}$ 的觀測值（measured observable），由下列積分得到

$$\langle Q \rangle \equiv \int \psi^* \hat{Q} \psi \, dx$$

注意到如果在坐標空間中 $\hat{Q}$ 不含微分算符，則

$$\langle Q \rangle = \int |\psi|^2 Q \, dx$$

對應於機率論（見附錄二）可見 $|\psi|^2$ 代表機率密度（probability density）。也就是說前式為後式的某種（或許是最簡單的）普遍化。

(4)若漢密爾頓（Hamlitonian）算符 $\hat{H}$ 已知，則波函數由水丁格方程式解出

$$i\hbar \frac{\partial}{\partial t}\psi = \hat{H}\psi$$

其中 $\hat{H} = \dfrac{\hat{p}^2}{2m} + \hat{V}$，$\hat{p}$ 為動量算符，m 為粒子質量，$\hat{V}$ 是位能（potential energy）算符。練習証明 $\hat{H}$ 是一個赫密算符。

讓我們首先計算位置 $\hat{x}$ 的觀測值，在坐標空間中

$$\langle x \rangle = \int_{-\infty}^{\infty} x \, |\psi(x,t)|^2 dx$$

這是一個時間的函數，則其導數（derivative）為

$$\begin{aligned}
&\frac{d}{dt}\langle x \rangle \\
&= \int_{-\infty}^{\infty} x \frac{\partial}{\partial t}(\psi^* \psi) \, dx \\
&= \frac{i\hbar}{2m} \int_{-\infty}^{\infty} x \frac{\partial}{\partial x}\left(\psi^* \frac{\partial \psi}{\partial x} - \frac{\partial \psi^*}{\partial x}\psi\right) dx \\
&= \frac{i\hbar}{2m}\left(x\psi^* \frac{\partial \psi}{\partial x} - x\frac{\partial \psi^*}{\partial x}\psi\right)\Bigg|_{-\infty}^{\infty} - \frac{i\hbar}{2m}\int_{-\infty}^{\infty}\left(\psi^* \frac{\partial \psi}{\partial x} - \frac{\partial \psi^*}{\partial x}\psi\right) dx \\
&= -\frac{i\hbar}{m}\int \psi^* \frac{\partial}{\partial x}\psi dx
\end{aligned}$$

其中我們要求當 $x\to\pm\infty$，$\psi\to 0$（否則不能歸一化），因此我們可以定義速度算符 $\hat{v}=-\frac{i\hbar}{m}\frac{\partial}{\partial x}$，則速度的觀測值即為

$$\langle v\rangle=\int\psi^{*}\hat{v}\,\psi\,dx=\frac{d}{dt}\langle x\rangle$$

通常我們用的是動量算符

$$\hat{p}=m\hat{v}=-i\hbar\frac{\partial}{\partial x}$$

亦即量子力學中的算符只需把古典物理量中的動量改成動量算符即可。一旦這種規則被指定了，任一古典物理量的量子觀測值為

$$\langle Q(x,\hat{p})\rangle=\int\psi^{*}\hat{Q}(x,-i\hbar\frac{\partial}{\partial x})\psi\,dx$$

注意到 $\hat{x}$ 和 $\hat{p}$ 滿足假設(2)的對易關係。

練習

證明 $\frac{d\langle p\rangle}{dt}=-\left\langle\frac{\partial V}{\partial x}\right\rangle$，其中 V 為位能。

1.4 水丁格方程式

利用變數分離法（method of separation of variables）可以把時間因子分開，如果 $\hat{H}$ 不是時間相關的，即不含時，令

$$\psi(x,t)=\psi(x)T(t)$$

則

$$i\hbar\frac{\partial}{\partial t}(\psi(x)T(t))=\hat{H}\psi(x)T(t)=\psi(x)i\hbar\frac{dT}{dt}$$

或

$$i\hbar\frac{1}{T}\frac{dT}{dt}=\frac{1}{\psi}\hat{H}\psi(x)=\lambda$$

其中 λ 是一常數，令 $\lambda=E$，則得

$$i\hbar\frac{dT}{dt}=ET$$

此式有解為

$$T(t)=T(0)e^{-iEt/\hbar}$$

另一方面則有

$$\hat{H}\psi=E\psi$$

此式稱為時間無關水丁格方程式（time-independent Schrödinger equation）。為一特徵值問題（eigenvalue problem），其中能量 E 及波函數 ψ 為待定。如解出 $\psi=\psi_n(x)$，n 為量子數（quantum number），為其特徵解（eigensolution），而特徵能量（eigenenergy）為 E_n，則方程式解為

$$\psi(x,t)=\psi_n(x,t)=\psi_n e^{-iE_nt/\hbar}$$

如起始態即為 ψ_n 所描述，則此為解矣。然而起始態如為任意，則此簡單解不能滿足初始條件，注意到水丁格方程式為線性微分方程（linear differential equation），其解有一特性，即線性疊加基本解仍為其解，則可試

$$\psi(x,t)=\sum_n b_n\psi_n e^{-iE_nt/\hbar}$$

如給定起始波形

$$\psi(t=0)=\Psi_0$$

則有

$$\Psi_0(x)=\sum_n b_n\psi_n(x)$$

利用 $\{\psi_n\}$ 形成正交歸一集之特性（此為赫密算符特徵解之特性，見附錄

一），則有

$$b_n = \int \psi_n{}^* \Psi_0 dx$$

注意到由於機率需歸一化，即有

$$\begin{aligned}&\int |\psi|^2 dx \\ &= \int \sum_m b_m^* \psi_m^* e^{iE_m t/\hbar} \sum_n b_n \psi_n e^{-iE_n t/\hbar} dx \\ &= \sum_m \sum_n b_m^* b_n \int \psi_m^* \psi_n \, dx e^{i(E_m - E_n) t/\hbar} \\ &= \sum_n |b_n|^2 = 1\end{aligned}$$

最後一式用到 $\{\psi_n\}$ 正交歸一化。由於特定 ψ_n 用來描述穩定態，此式又滿足機率歸一性，即引出量子力學對定態波函數之詮釋（interpretation），亦即 $\{\psi_n\}$ 為系統可存在之定態，如一波函數不在定態，則由定態波函數之線性疊加組成，而展開係數絕對值平方即為系統分布於該定態之機率。即機率為

$$P_n = |b_n|^2 = |\langle \psi_n | \psi \rangle|^2$$

又如 ψ 已在一定態 k（如經過一次特定測量後）則系統將恆在此定態，即

$$P_{k \to k} = |\langle \psi_k | \psi_k \rangle|^2 = 1$$

系統在某一定態 ψ_n 時測量 $\hat{Q}$ 之值即為

$$\langle Q \rangle = \langle \psi_n | \hat{Q} | \psi_n \rangle$$

此時有兩種情況需討論，一是如 $\hat{Q}$ 和 $\hat{H}$ 可對易（commutable），即

$$[\hat{H}, \hat{Q}] = 0$$

則可証明 ψ_n 亦可為 $\hat{Q}$ 之特徵解（見附錄一），即

$$\hat{Q} |\psi_{n,q}\rangle = q |\psi_{n,q}\rangle$$

則

$$\langle Q \rangle = q$$

如 $\hat{Q}$ 和 $\hat{H}$ 不對易，則需利用轉換理論（transformation theory），即利用

$$\hat{Q}|q\rangle = q|q\rangle$$

之解 $\{|q|\}$ 亦形成正交歸一集，則有

$$1 = \sum_q |q\rangle\langle q|$$

即

$$\begin{aligned}\langle Q \rangle &= \langle \psi_n|\hat{Q}|\psi_n\rangle \\ &= \sum_q \sum_{q'} \langle \psi_n|q\rangle \langle q|\hat{Q}|q'\rangle \langle q'|\psi_n\rangle \\ &= \sum_q \sum_{q'} q \langle \psi_n|q\rangle \delta_{qq'} \langle q'|\psi_n\rangle \\ &= \sum_q q|\langle q|\psi_n\rangle|^2\end{aligned}$$

即 $|\langle q|\psi_n\rangle|^2$ 代表系統在 $|q\rangle$ 態下之機率分布。

量子力學中機率密度（probability density）可由波函數絕對值平方代表

$$\rho(x, t) \equiv |\psi(x, t)|^2$$

如要滿足機率守恆，則歸一化的起始波函數將恆保持歸一化，這可以證明如下：

$$\frac{d}{dt}\int_{-\infty}^{\infty} |\psi(x, t)^2|\, dx$$

$$= \int_{-\infty}^{\infty} \frac{\partial}{\partial t} [\psi^*(x, t)\psi(x, t)]\, dt$$

$$= \int_{-\infty}^{\infty} \left(\frac{\partial \psi^*}{\partial t} \psi + \psi^* \frac{\partial \psi}{\partial t} \right) dt$$

$$= \int_{-\infty}^{\infty} \frac{i\hbar}{2m} \left(\psi^* \frac{\partial^2 \psi}{\partial x^2} - \frac{\partial^2 \psi^*}{\partial x^2} \psi \right) dt$$

$$= \int_{-\infty}^{\infty} \frac{i\hbar}{2m} \frac{\partial}{\partial x} \left(\psi^* \frac{\partial \psi}{\partial x} - \frac{\partial \psi^*}{\partial x} \psi \right) dt$$

$$= \frac{i\hbar}{2m} \left(\psi^* \frac{\partial \psi}{\partial x} - \frac{\partial \psi^*}{\partial x} \psi \right) \Big|_{-\infty}^{\infty} = 0$$

通常要求在 $x \to \pm\infty$ 時，$\psi(x, t) \to 0$（否則將無法歸一化），亦即我們考慮局域（local）機率密度分布。由此可得機率守恆定理（theorem of probability conservation）。

水丁格方程也可利用轉換式表示成不同形式，例如

$$i\hbar \frac{\partial \Psi}{\partial t} = \hat{H} \Psi$$

則有

$$\frac{\partial \Psi}{\partial t} = -\frac{i}{\hbar} \hat{H} \Psi$$

如果 $\hat{H}$ 不顯含時間，則

$$\Psi(t) = e^{-i\hat{H}t/\hbar} \Psi(0)$$

則有

$$\langle \Psi(0) | \Psi(t) \rangle = \langle \Psi(0) | e^{-i\hat{H}t/\hbar} | \Psi(0) \rangle$$

利用拉普拉斯轉換（Laplace transform）

則有

$$\overline{\Psi}(p) = \int_0^{\infty} e^{-pt} \Psi(t) dt$$

$$p\overline{\Psi}(p)-\Psi(0)=-\frac{i}{\hbar}\widehat{H}\Psi(p)$$

或

$$\overline{\Psi}(p)=\frac{1}{\left(p+\frac{i}{\hbar}\widehat{H}\right)}\Psi(0)$$

定義格林（Green）算符

$$\overline{\Psi}(p)=\widehat{G}(p)\Psi(0)$$

則

$$\widehat{G}(p)=\frac{1}{p+\frac{i}{\hbar}\widehat{H}}$$

或

$$\left(p+\frac{i}{\hbar}\widehat{H}_0\right)\widehat{G}(p)=1$$

令 $\widehat{H}$ 分成兩項

$$\widehat{H}=\widehat{H}_0+\widehat{H}'$$

則有

$$\left(p+\frac{i}{\hbar}\widehat{H}_0\right)\widehat{G}(p)=1-\frac{i}{\hbar}\widehat{H}'\widehat{G}(p)$$

如利用展開式

$$\Psi(t)=\sum_n C_n(t)\psi_n$$

$$\overline{\Psi}(p)=\sum_n \overline{C_n}(p)\psi_n$$

並假設起始態為一定態 ψ_i

$$\Psi(0)=\psi_i$$

則

$$\overline{\Psi}(p)=\sum_n \overline{C_n}(p)\psi_n=\widehat{G}(p)\psi_i$$

或

$$\overline{C_n}(p)=\langle \psi_n|\widehat{G}(p)|\psi_i\rangle=G_{ni}(p)$$

則可得到

$$\left(p+\frac{i}{\hbar}E_i\right)G_{ii}(p)+\frac{i}{\hbar}\sum_l H'_{il}G_{li}(p)=1$$

及

$$\left(p+\frac{i}{\hbar}E_l\right)G_{li}(p)+\frac{i}{\hbar}\sum_{l'} H'_{ll'}G_{l'i}(p)=0$$

或

$$G_{li}(p)=\frac{-\frac{i}{\hbar}}{p+\frac{i}{\hbar}E_l}\sum_{l'}H'_{ll'}G_{l'i}(p)$$

則有

$$(p+\frac{i}{\hbar}E_i)G_{ii}(p)+\frac{i}{\hbar^2}\sum_l\sum_{l'}\frac{H'_{il}H'_{ll}G_{l'i}(p)}{p+\frac{i}{\hbar}E_l}=1$$

或

$$(p+\frac{i}{\hbar}E_i)G_{ii}(p)+\sum_l\frac{i}{\hbar^2}\frac{1}{p+\frac{i}{\hbar}E_l}|H'_{il}|^2G_{ii}(p)$$

$$+\frac{i}{\hbar^2}\sum_l\sum_{l'\neq i}\frac{H'_{il}H'_{ll}G_{l'i}(p)}{p+\frac{i}{\hbar}E_l}=1$$

這些轉換式在不同時機有不同用法，各有優缺點，必要時可能使用兩種不同表示法以方便解題。

至此我們已概述了量子力學中所謂的水丁格形成法（Schrödinger formalism），雖然我們用的是公理式（axiomatic）的推演法，應該注意這些假設背後所隱含的物理意義（或甚至是哲學概念），以下略舉數項重要的

(1)測不準原理（uncertainty principle）：由於量子力學中採用波函數（而非粒子位置及動量的時移）來表示物理態，對於粒子位置和動量的描述則不能在同時精確的確定，這反映在各式的場論中。在波函數 $\psi(x, t)$ 中，坐標和時間處於同一地位，而動量和位置已成算符，波的不確定關係（uncertainty relation）要求位置和動量對應的測量標準差（standard deviation）需滿足

$$\Delta x \Delta p \geq \hbar/2$$

此即海森堡測不準原理。

(2)時空連續性：波函數本身為時空連續函數，其時移（time evolution）亦保持歸一化條件，故粒子仍處於全空間中，只是最大的訊息為其機率分布而非確定的位置。

(3)疊加原理（principle of superposition）與測量：由於水丁格方程為線性微分方程，物理態疊加後亦為一物理態，然而需注意測量時之物理解釋。量子力學中測量是以定態解（即特徵值解）描述可測量值，當對一物理系統進行測量，疊加之波函數即「塌陷」（collapse）到一定態，由於此過程是瞬時的（instantanous），即不滿足特殊相對論（Special Relativity），量子力學本質上是非相對論式（non-relativistic）的。

(4)因果律（causality）：給定一起始波形 $\psi(0)$，則依水丁格方程式波函數 $\psi(t)$ 即完全可知，在此意義上，因果律仍然是保持的。

Chapter 2

簡單系統

2.1 箱中粒子

2.2 零距位能－δ 位能

2.3 片段常數位能（或方位能）

2.4 簡諧振子

2.5 中心力場－氫原子

2.6 高斯波包

2.7 時間相關 Gross-Pitaevskii 方程

2.1 箱中粒子

考慮一個古典粒子被限制在一維的箱子中（見圖 2.1(a)），當釋放此粒子後，粒子在箱中來回運動，由於箱內沒有作用力（此例中假設粒子和箱壁為彈性碰撞），粒子能量為

$$E=\frac{1}{2}mv^2=\frac{1}{2}m{v_0}^2=\text{常數}$$

其中 v 是粒子速度，v_0 為初始速度，為初始條件（initial condition）所決定。在古典力學中我們假設此初始速度是可任意連續變化的，因此能量也是連續的。古典漢密爾頓量為

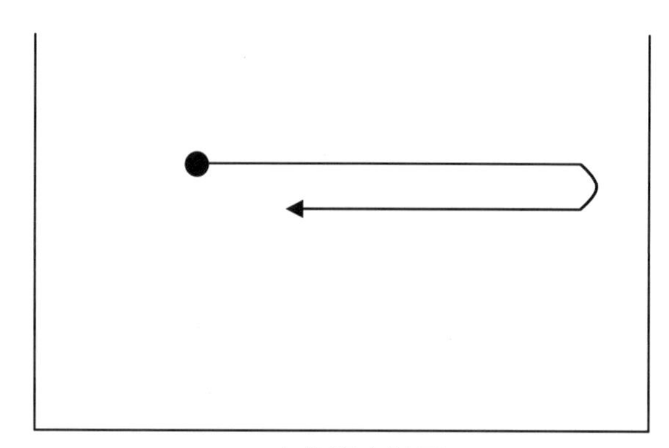

(a)古典箱中粒子

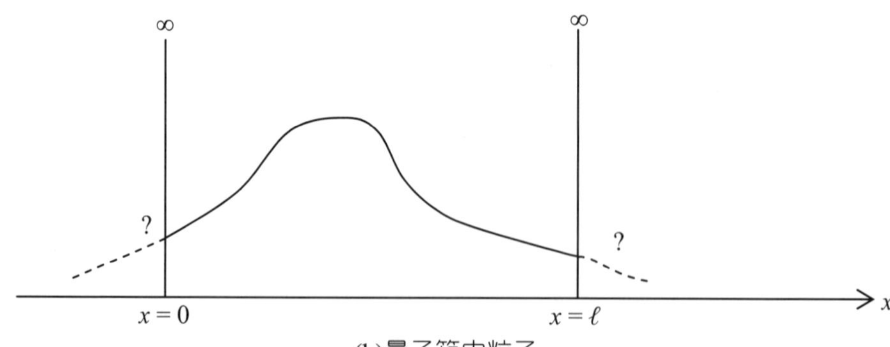

(b)量子箱中粒子

圖 2.1　箱中粒子

$$H=\frac{p^2}{2m}+V(x)$$

其中 p 是粒子動量，$V(x)$ 是位能（見圖 2.1(b)）

$$V(x)=\begin{cases}0,0<x<\ell & \text{（箱內）}\\ \infty,x<0,x>\ell & \text{（箱外）}\end{cases}$$

在量子力學中，我們所要解的是水丁格方程式，首先必須決定漢密爾頓算符。由於我們選取坐標空間，所以只需要把動量改為微分算符

$$p\rightarrow\hat{p}=-i\hbar\frac{d}{dx}$$

則水丁格方程式為

$$\widehat{H}\psi(x)=E\psi(x)$$

或

$$-\frac{\hbar^2}{2m}\frac{d^2}{dx^2}\psi=E\psi$$

或

$$\frac{d^2\psi}{dx^2}=-\left(\frac{2mE}{\hbar^2}\right)\psi$$

如令能量 $E>0$（於箱中）即束縛態（bound state），及

$$k^2\equiv\frac{2mE}{\hbar^2}$$

則得到

$$\frac{d^2\psi}{dx^2}+k^2\psi=0$$

此方程式解為

$$\psi=A\cos kx+B\sin kx$$

其中 A 和 B 為待定常數，需要利用邊界條件（boundary conditions）才能解出。由於在量子力學中 $|\psi(x)|^2$ 代表粒子出現在位置的機率密度，而在箱外的位能為相對無限大，所以一般可取

$$\psi(x=0)=0=\psi(x=l)$$

數學上也可驗證此假設是合理的（練習）。代入方程式中得到

$$\psi(x=0)=A=0$$
$$\psi(x=l)=B\sin kl=0$$

由於 $B\neq 0$（為何？），則得

$$kl=n\pi, n=0, \pm 1, \pm 2, ...$$

由於量子數（quantum number）n 不能為零（為何？）所以 k 只能取下列特定數字

$$k=k_n=\frac{n\pi}{l}, n=1, 2, ...$$

則波函數即為

$$\psi_n(x)=B\sin\frac{n\pi}{l}x$$

為了歸一化，我們要求

$$\int_0^l |\psi_n(x)|^2\,dx=1$$

則得到

$$B=\sqrt{\frac{2}{l}}$$

$$\psi_n=\sqrt{\frac{2}{l}}\sin\frac{n\pi}{l}x$$

例如

$$n=1,\ \psi_1=\sqrt{\frac{2}{\ell}}\sin\frac{\pi}{\ell}x\ \text{（如圖 2.2(a)）}$$

$$n=2,\ \psi_2=\sqrt{\frac{2}{\ell}}\sin\frac{2\pi}{\ell}x\ \text{（如圖 2.2(b)）}$$

而能量即可由 k 計算

$$E_n=\frac{\hbar^2}{2m}{k_n}^2=\frac{\hbar^2\pi^2}{2ml^2}n^2\equiv\varepsilon_0 n^2$$

注意到能量已為分立的，即量子化。例如

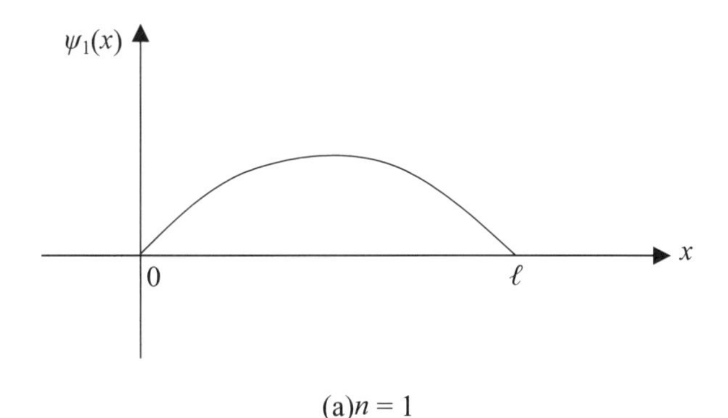

(a)$n=1$

(b)$n=2$

圖 2.2　箱中粒子波函數解

$$
\left.\begin{array}{l}
n=1, E_1=\varepsilon_0 \\
n=2, E_2=4\varepsilon_0 \\
n=3, E_3=9\varepsilon_0
\end{array}\right.
\quad
\begin{array}{l}
\Delta E_{12}=3\varepsilon_0 \\
\Delta E_{23}=5\varepsilon_0
\end{array}
$$

其能譜如圖 2.3 所示。另外注意到沒有 $E<0$ 即散射態（scattering state）的解（練習）

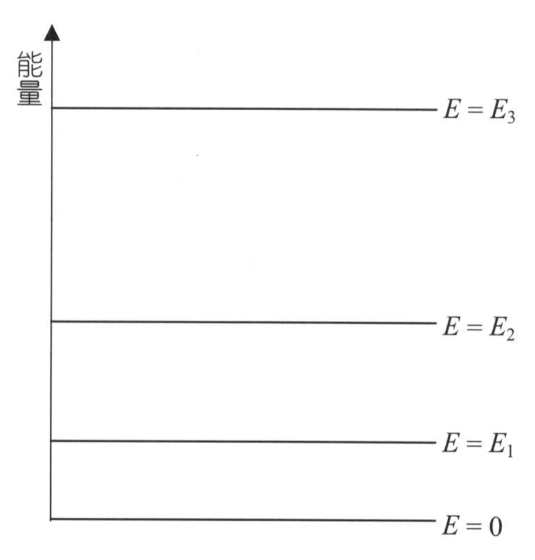

圖 2.3　箱中粒子能量特徵值譜

應用例　π 共軛分子（π conjugated molecule）能譜

所謂 π 共軛鍵經常發生在碳雙鍵（double bond）形成的情況（例如乙烯（ethylene），如圖 2.4），電子在此鍵間運動情況很像箱中粒子，其鍵長 l 即可比做箱長度。因此由箱中粒子解可知其光吸收躍遷能量反比於鍵長平方

$$\Delta E=E_2-E_1=h\upsilon\propto\frac{1}{l^2}$$

例如 l= 1Å 可估計波數為 $3\times10^6\text{cm}^{-1}$，此為 UV 光。因此不染色的聚乙烯塑膠是透明的。在有些長鏈的 π 共軛分子例如 β 胡蘿蔔素（β-carotenoid）其鏈

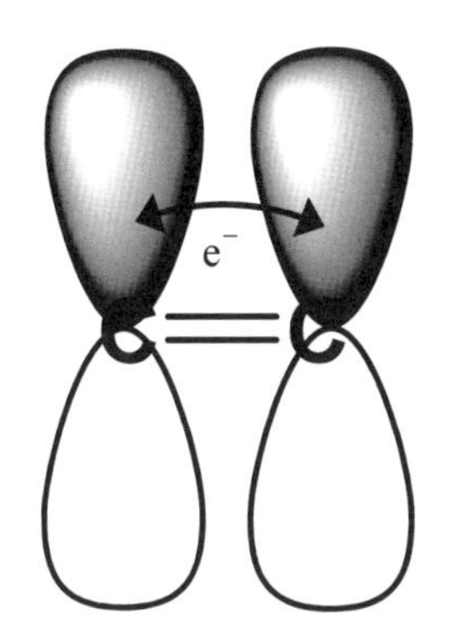

圖 2.4 電子在 π 鍵中運動

長約為 10Å，對應波數為 $3\times10^4\text{cm}^{-1}$，此即在可見光範圍（偏藍綠），因此含 β 胡蘿蔔素的水溶液多為黃紅色。

應用例 雙原子分子共價鍵能（covalent bond energy）的決定

由於分子是由原子形成共價鍵（covalent bond）而形成的（見圖 2.5），如粗略的認為電子被限制在各別原子及分子的某一範圍中運動，可利用箱中粒子的解粗估共價鍵能。即形成分子前能量為

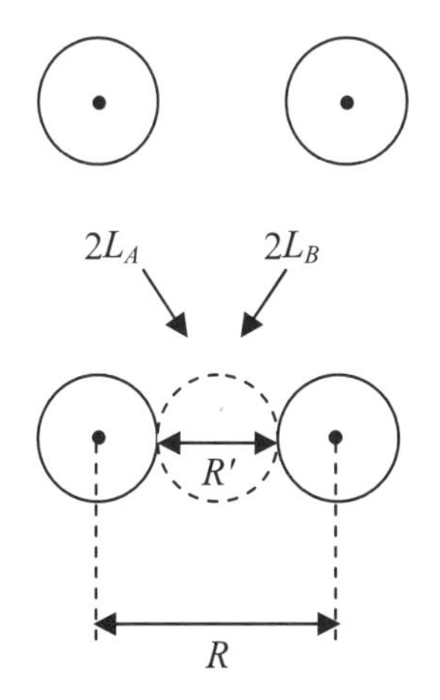

圖 2.5 雙原子分子的模型

$$E=\frac{h^2}{8m(2L_A)}+\frac{h^2}{8m(2L_B)}$$

形成分子後能量為

$$E=\frac{2h^2}{8m(L_A+R+L_B)^2}$$

則共價鍵能即為兩者之差。利用此法（見 J.R. Arnold, J. Chem, Phys. 24, 181 (1956).）估計之鍵能可準確到約 10% 誤差（見下表）。

分子	P-P	C-C	Si-Si	Cl-Cl	Br-Br
實驗	51	65	50	58	46
理論	47.5	60.2	42.9	51.7	45.1

接下來討論二維箱中粒子解，其水丁格方程為

$$\hat{H}\psi(x,y)=E\psi(x,y)$$

或

$$-\frac{\hbar^2}{2m}\left(\frac{\partial^2\psi}{\partial x^2}+\frac{\partial^2\psi}{\partial y^2}\right)=E\psi$$

或

$$\frac{\partial^2\psi}{\partial x^2}+\frac{\partial^2\psi}{\partial y^2}=-\left(\frac{2mE}{\hbar^2}\right)\psi$$

如令

$$k^2\equiv\frac{2mE}{\hbar^2}$$

則得

$$\frac{\partial^2\psi}{\partial x^2}+\frac{\partial^2\psi}{\partial y^2}=-k^2\psi$$

其中 $\psi(x, y)$ 為波函數。利用變數分離法，設

$$\psi(x, y) = \mathbb{X}(x)\,\mathbb{Y}(y)$$

則得

$$\mathbb{Y}\frac{d^2\mathbb{X}}{dx^2} + \mathbb{X}\frac{d^2\mathbb{Y}}{dy^2} = -k^2\mathbb{X}\mathbb{Y}$$

$$\frac{1}{\mathbb{X}}\frac{d^2\mathbb{X}}{dx^2} + \frac{1}{\mathbb{Y}}\frac{d^2\mathbb{Y}}{dy^2} = -k^2$$

如令

$$\begin{cases} \dfrac{1}{\mathbb{X}}\dfrac{d^2\mathbb{X}}{dx^2} = -k_x{}^2 \\ \dfrac{1}{\mathbb{Y}}\dfrac{d^2\mathbb{Y}}{dy^2} = -k_y{}^2 \end{cases}$$

其中 k_x 及 k_y 為分離變數所用之待定常數，需滿足

$$k_x^2 \equiv \frac{2mE_x}{\hbar^2}$$

$$k_y^2 \equiv \frac{2mE_y}{\hbar^2}$$

$$k_x{}^2 + k_y{}^2 = k^2$$

$$E_x + E_y = E$$

如取 E_x 及 E_y 均為正，則方程式解為

$$\mathbb{X} = \mathbb{X}_{n_x}(x) = \sqrt{\frac{2}{l_x}}\sin\frac{n_x\pi x}{l_x}$$

$$\mathbb{Y} = \mathbb{Y}_{n_y}(y) = \sqrt{\frac{2}{l_y}}\sin\frac{n_y\pi y}{l_y}$$

此時量子數有兩個。能量為

$$E_{n_x}=\frac{{n_x}^2\hbar^2}{2m{l_x}^2}，E_{n_y}=\frac{{n_y}^2\hbar^2}{2m{l_y}^2}$$

$$E=E_{n_x}+E_{n_y}=\frac{\hbar^2}{2m{l_x}^2}{n_x}^2+\frac{\hbar^2}{2m{l_y}^2}{n_y}^2$$

要注意 n_x 和 n_y 任一個都不能為零。基態（ground state）能量解 E_g 為

$$E_g=E_1+E_1=\frac{\hbar^2}{2m}\left(\frac{1}{{l_x}^2}+\frac{1}{{l_y}^2}\right)$$

如箱長寬相同 $l_x=l_y=l$，則

$$E=\frac{\hbar^2}{2ml^2}({n_x}^2+{n_y}^2)$$

其基態能量不簡併（non-degenerate）

$$E_g=\frac{\hbar^2}{ml^2}$$

但要注意激發態（excited state）能量可以是簡併的（degenerate），例如 $n_x=1$，$n_y=2$ 和 $n_x=2$，$n_y=1$，其能量均為

$$E_{ex}=\frac{5\hbar^2}{2ml^2}$$

但波函數不同

$$\begin{cases}\psi_{12}(x,y)=\dfrac{2}{l}\sin\dfrac{\pi x}{l}\cdot\sin\dfrac{2\pi y}{l}\\ \psi_{21}(x,y)=\dfrac{2}{l}\sin\dfrac{2\pi x}{l}\cdot\sin\dfrac{\pi y}{l}\end{cases}$$

此即簡併解。

很容易可以將以上結果推廣到三維箱中粒子的解，即

$$\psi(x,y,z)=\mathbb{X}_{n_x}(x)\mathbb{Y}_{n_y}(y)\mathbb{Z}_{n_z}(z)$$

$$\mathbb{X}_{n_x}(x)=\sqrt{\frac{2}{l_x}}\sin\frac{n_x\pi x}{l_x}$$

$$\mathbb{Y}_{n_y}(y)=\sqrt{\frac{2}{l_y}}\sin\frac{n_y\pi y}{l_y}$$

$$\mathbb{Z}_{n_z}(z)=\sqrt{\frac{2}{l_z}}\sin\frac{n_z\pi z}{l_z}$$

而能量為

$$E=E_{n_x}+E_{n_y}+E_{n_z}=\frac{\hbar^2}{2m}\left(\frac{{n_x}^2}{{l_x}^2}+\frac{{n_y}^2}{{l_y}^2}+\frac{{n_z}^2}{{l_z}^2}\right)$$

因此如 $l_x=l_y=l_z=l$，簡併解決定於 n_x, n_y, n_z 的取法。

關於一維定態解有下列定理：一維束縛定態（bound stationary state）之特徵態是非簡併的，亦即對同一特徵能量水丁格方程式不存在兩個線性獨立解（linearly independent solutions）。証明如下：如有 ψ_1 及 ψ_2 兩個解滿足水丁格方程式，則

$$\frac{\psi_1''}{\psi_1}=\frac{-2m(E-V)}{\hbar^2}$$

$$\frac{\psi_2''}{\psi_2}=\frac{-2m(E-V)}{\hbar^2}$$

即得

$$\psi_1''/\psi_1=\psi_2''/\psi_2$$

或

$$\psi_1''\psi_2-\psi_2''\psi_1=0$$

則有

$$\frac{d}{dx}(\psi_1'\psi_2 - \psi_2'\psi_1) = 0$$

所以 $\psi_1'\psi_2 - \psi_2'\psi_1$ 為常數，但考慮時 $x \to \pm\infty$，ψ_1, ψ_2 為束縛解，即 $\psi_1 \to 0, \psi_2 \to 0$，故有

$$\psi_1'\psi_2 - \psi_2'\psi_1 = 0$$

$$\frac{d}{dx}\ln\frac{\psi_1}{\psi_2} = 0$$

$$\ln\frac{\psi_1}{\psi_2} = \text{常數}$$

即

$$\frac{\psi_1}{\psi_2} = \text{常數}$$

亦即 ψ_1 和 ψ_2 為線性相關的。

2.2 零距位能－δ 位能

所謂的零距位能（zero range potential, ZRP）是大多數局域位能（local potential）的一個極限情況，由於其數學結構特別簡單，所以常用來化簡複雜位能而得到一些對系統動力行為定性的理解。其中一個例子是 δ－位能（如圖 2.6），即 δ 函數（見附錄三）。

$$V(x) = \lambda\delta(x)$$

水丁格方程為

$$\left(-\frac{\hbar^2}{2m}\frac{d^2}{dx^2} + \lambda\delta(x)\right)\psi(x) = E\psi(x)$$

或

$$\frac{d^2\psi}{dx^2} + k^2\psi(x) = \frac{2m\lambda}{\hbar^2}\delta(x)\psi(x)$$

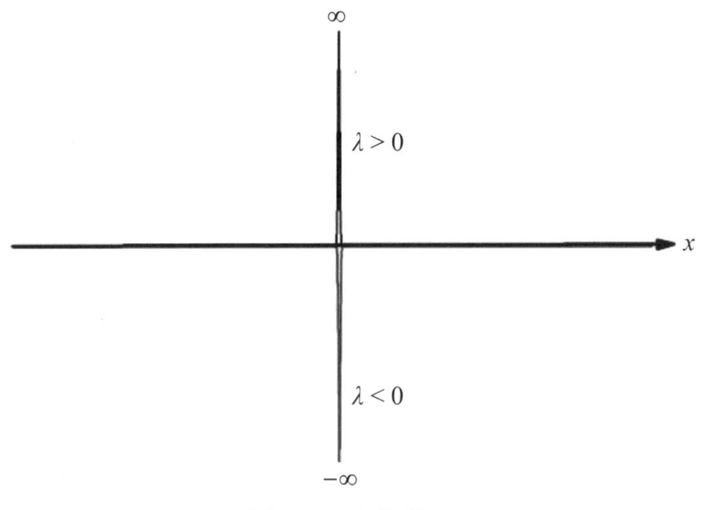

圖 2.6 δ 位能

$$k^2 \equiv \frac{2m}{\hbar^2}E$$

解可分兩區

$$\begin{cases} \psi_L(x) = A_r e^{ikx} + A_l e^{-ikx} \text{，} x < 0 \\ \psi_R(x) = B_r e^{ikx} + B_l e^{-ikx} \text{，} x > 0 \end{cases}$$

要注意到波函數解在 $x = 0$ 需連續，然而由於 δ 函數在 $x = 0$ 為一奇點（singular point），波函數一階導數不連續，則邊界條件為

$$\begin{cases} \psi_R(0) = \psi_L(0) \\ \psi_R'(0) - \psi_L'(0) = \dfrac{2m}{\hbar^2}\lambda\psi(0) \end{cases}$$

代入方程後得到

$$\begin{cases} B_r + B_l = A_r + A_l \\ ik(B_r - B_l - A_r + A_l) = \dfrac{2m}{\hbar^2}\lambda(B_r + B_l) \end{cases}$$

如 $\lambda<0$，可分為 $E>0$ 和 $E<0$ 兩方面解

(a)束縛解 $E<0$

波函數解為

$$\psi_L(x)=A_r e^{-|k|x}+A_l e^{|k|x},\ x<0$$

$$\psi_R(x)=B_r e^{-|k|x}+B_l e^{|k|x},\ x>0$$

無限遠時波函數應為有限的（否則不能歸一化）即取

$$\begin{cases}A_r=0=B_l\\ B_r=A_l\end{cases}$$

而得到

$$k=-i\frac{m\lambda}{\hbar^2}$$

此即能量量子化條件，此例較特殊，只有一個能量，即為基態能量。要得到 A_ℓ 或 B_r，利用歸一化得

$$B_r=A_l=\sqrt{|k|}$$

而得

$$\begin{cases}\psi_L(x)=\sqrt{|k|}e^{|k|x}\text{，}x<0\\ \psi_R(x)=\sqrt{|k|}e^{-|k|x}\text{，}x>0\end{cases}$$

$$E=\frac{\hbar^2}{2m}k^2=-\frac{m\lambda^2}{2\hbar^2}$$

(b)散射解 $E>0$

設波由左方入射，令 $A_r=1$，而由右方散射，令 $B_\ell=0$，$B_r=t$，左方有反射波令 $A_\ell=r$，則代入得

$$\begin{cases} t = \dfrac{1}{1 + \dfrac{im\lambda}{\hbar^2 k}}, T \equiv |t|^2 = \dfrac{1}{1 + \dfrac{m\lambda^2}{2\hbar^2 E}} \\ r = \dfrac{1}{\dfrac{i\hbar^2 k}{m\lambda} - 1}, R \equiv |r|^2 = \dfrac{1}{1 + \dfrac{2\hbar^2 E}{m\lambda^2}} \end{cases}$$

注意如 $\lambda > 0$，則對於 $E > 0$，R 和 T 和 $\lambda < 0$ 之解相同，但 r 和 t 不同。比較古典物理中 $\lambda > 0$ 時為一位壘（potential barrier），則 $R = 1$ 及 $T = 0$，然而 $\lambda < 0$ 時為一位井（potential well），則 $R = 0$ 及 $T = 1$。

接下來討論雙 δ 位能的水丁格方程，即（如圖 2.7）

$$V(x) = +\lambda[\delta(x + a) + \delta(x - x)]$$

則方程式為

$$\frac{d^2\psi}{dx^2} + k^2\psi = \frac{2m}{\hbar^2}\lambda[\delta(x + a) + \delta(x - a)]\psi$$

令解為

$$\begin{cases} \psi_L = A_r e^{ikx} + A_l e^{-ikx}, & x < -a \\ \psi_M = C_r e^{ikx} + C_l e^{-ikx}, & -a < x < a \\ \psi_R = B_r e^{ikx} + B_l e^{-ikx}, & x > a \end{cases}$$

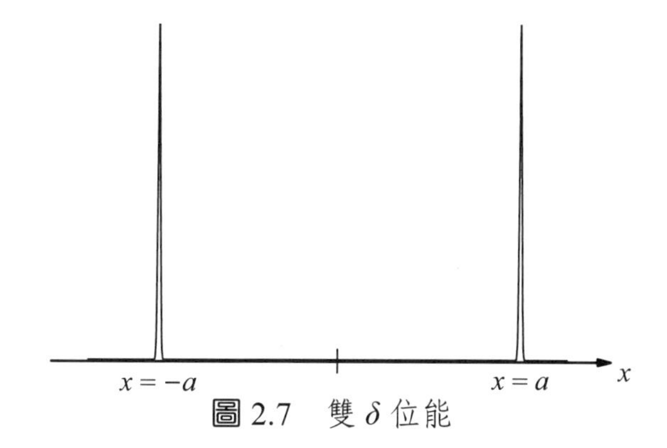

圖 2.7　雙 δ 位能

其中

$$k^2 \equiv \frac{2m}{\hbar^2}E$$

由邊界條件

$$\begin{cases} \psi_R(a)=\psi_M(a) \\ \psi_R{}'(a)-\psi_M{}'(a)=\dfrac{2m}{\hbar^2}\lambda\psi_R(a) \\ \psi_M(-a)=\psi_L(-a) \\ \psi'_M(-a)-\psi'_L(-a)=\dfrac{2m}{\hbar^2}\lambda\psi_M(-a) \end{cases}$$

可得

$$B_re^{ika}+B_le^{-ika}=C_re^{ika}+C_le^{-ika}$$

$$ik(B_re^{ika}-B_le^{-ika}-C_re^{ika}+C_le^{-ika})=\frac{2m}{\hbar^2}\lambda\left(B_re^{ika}+B_le^{-ika}\right)$$

及

$$C_re^{-ika}+C_le^{ika}=A_re^{-ika}+A_le^{ika}$$

$$ik(C_re^{-ika}-C_le^{ika}-A_re^{-ika}+A_le^{ika})=\frac{2m}{\hbar^2}\lambda\left(C_re^{-ika}+C_le^{ika}\right)$$

(a)$E<0,\ k=i\sqrt{\dfrac{2m|E|}{\hbar^2}}$ ，束縛態解

$$\psi_L=A_re^{-|k|x}+A_le^{|k|x},\ x<-a$$

$$\psi_M=C_re^{-|k|x}+C_le^{|k|x},\ -a<x<a$$

$$\psi_R=B_re^{-|k|x}+B_le^{|k|x},\ x>a$$

由於在 $|x|\to\infty$，ψ 為有限的，即得

$$A_r=0=B_l$$

$$\begin{cases} B_r e^{-|k|a} = C_r e^{-|k|a} + C_l e^{|k|a} \\ B_r e^{-|k|a}\left(1+\dfrac{2m\lambda}{\hbar^2|k|}\right) = C_r e^{-|k|a} - C_l e^{|k|a} \\ A_l e^{-|k|a} = C_r e^{|k|a} + C_l e^{-|k|a} \\ A_l e^{-|k|a}\left(1+\dfrac{2m\lambda}{\hbar^2|k|}\right) = C_l e^{-|k|a} - C_r e^{|k|a} \end{cases}$$

或

$$\frac{C_l e^{|k|a} + C_r e^{-|k|a}}{-C_l e^{|k|a} + C_r e^{-|k|a}} = \frac{C_r e^{|k|a} + C_l e^{-|k|a}}{-C_r e^{|k|a} + C_l e^{-|k|a}}$$

令 $\dfrac{C_r}{C_l} \equiv \eta$ ，則有

$$\frac{1+\eta e^{-2|k|a}}{-1+\eta e^{-2|k|a}} = \frac{\eta e^{2|k|a}+1}{-\eta e^{2|k|a}+1}$$

即解出

$$\eta^2 = 1，\eta = \pm 1$$

其中

$\eta = +1$，$C_l = C_r$，偶宇稱（even parity）態

$\eta = -1$，$C_r = -C_l$，奇宇稱（odd parity）態

對於偶宇稱態得到

$$1+\tanh|k|a = \frac{2m|\lambda|}{\hbar^2|k|}$$

對於奇宇稱態得到

$$1+\coth|k|a = \frac{2m|\lambda|}{\hbar^2|k|}$$

對於偶宇稱態

$$\frac{2m|\lambda|}{\hbar^2|k|}<2 \quad \because \tanh|k|a<1$$

則得 $|k|>\frac{m|\lambda|}{\hbar^2}$，此即單 δ 函數位能之束縛態解。因此雙 δ 函數位能之束縛態能量低於單 δ 函數之解，則可以用來做為 H_2^+ 的模型。其中電子與原子核作用可用 δ 函數描述。比較雙 δ 和單 δ 函數位能之波函數（如圖 2.8），可知電子不局限於任一原子核，因此動能較低。另外對於奇宇稱態

$$\frac{2m|\lambda|}{\hbar^2|k|}>2 \quad \because \coth|k|a>1$$

則得

$$|k|<\frac{m|\lambda|}{\hbar^2}$$

也就是能量高些，即反鍵結（anti-bonding）態。

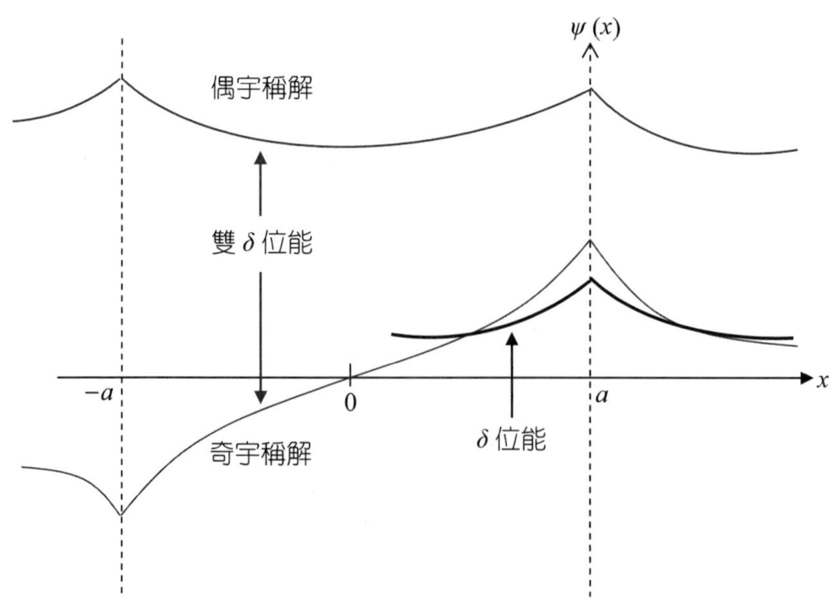

圖 2.8　和雙 δ 位能波函數

練習：如做為 H_2^+ 模型，解出能量對鍵長（即 $2a$）的關係，這函數叫做位能面（potential energy surface）。

練習：對 $E<0$ 波函數做歸一化得到歸一化波函數。

解答：對偶宇稱態

$$B_r = A_l = C_r \cosh|k|a \cdot e^{|k|a}$$

$$\Rightarrow \begin{cases} \psi_L = Ce^{|k|(x+a)}\cosh|k|a, x<-a \\ \psi_M = C\cosh|k|x, |x|<a \\ \psi_R = Ce^{-|k|(x-a)}\cosh|k|a, x>a \end{cases}$$

$$\int_{-\infty}^{-a}|\psi_L|^2\,dx + \int_{-a}^{a}|\psi_M|^2\,dx + \int_{a}^{\infty}|\psi_R|^2\,dx = 1 \Rightarrow C = \sqrt{\frac{2|k|}{e^{2|k|a}+2|k|a+1}} = 2C_r = 2C_\ell$$

而對奇宇稱態

$$B_r = -A_l = C_r \sinh|k|a \cdot e^{|k|a}$$

(b)$E>0$, k 是實數，散射解

$A_r=1$，入射波從左方來

$A_l=r$，反射波

$B_l=0$，右方無入射波

$B_r=t$，穿透波

則得

$$\begin{cases} te^{ika} = C_r e^{ika} + C_l e^{-ika} \\ te^{ika}\left(1+i\dfrac{2m\lambda}{\hbar^2 k}\right) = C_r e^{ika} - C_l e^{-ika} \\ re^{ika} = C_r e^{-ika} + C_l e^{+ika} - e^{-ika} \\ re^{ika}\left(1+i\dfrac{2m\lambda}{\hbar^2 k}\right) = -C_r e^{-ika} + C_l e^{ika} + \left(1-i\dfrac{2m\lambda}{\hbar^2 k}\right)e^{-ika} \end{cases}$$

練習把這組方程式解出來，並做歸一化。

應用例　雙原子分子能量再研究

另一雙原子分子的模型為箱中粒子中有一 δ 函數位能（如圖 2.9），則解為

$$\psi_L(-l) = A_r e^{-ikl} + A_l e^{ikl} = 0$$

$$\psi_R(l) = B_r e^{ikl} + B_l e^{-ikl} = 0$$

代入邊界條件得

$$B_r + B_l = A_r + A_l$$

$$ik(B_r - B_l - A_r + A_l) = \frac{2m}{\hbar^2}\lambda\,(B_r + B_l)$$

即有

$$(kl)\cot(kl) = -\frac{m\lambda l}{\hbar^2}$$

或

$$\cot kl = -\frac{m\lambda}{k\hbar^2}$$

練習利用數值方法解出能量，並與箱中粒子解做比較。

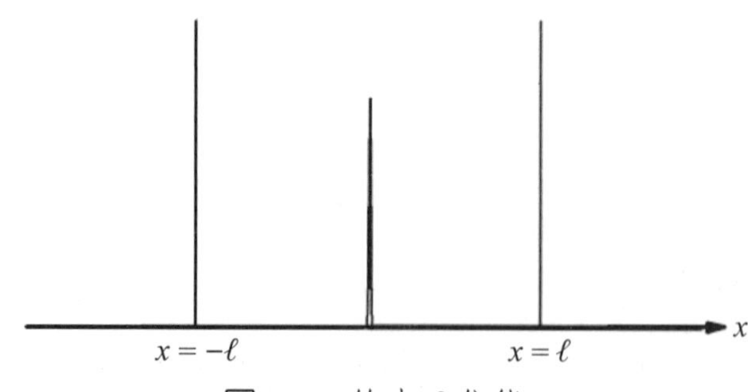

圖 2.9　箱中 δ 位能

2.3 片段常數位能（或方位能）

之前箱中粒子的討論我們只考慮束縛態解（因為箱壁假設為位能無限大），事實上箱壁位能是有限的，所以一般而言有束縛態（bound state）和散射態（scattering state）（如同 δ －位能中所討論的）。量子力學中束縛態和散射態是用總能量大於零或小於零而定，更嚴格一點，是動能和位能的和，由於動能必是正的，所以正位能的解必為散射態，而負位能解若使總能小於零即為束縛態解。然而由於量子力學中粒子不由一固定位置所指定，乃是由機率波描述，所以部分散射部分束縛態（或稱共振（resonance）態）可以存在。例如考慮如下的方位能（見圖 2.10）

$$V(x)=\begin{cases}0, & |x|>a\\ -V_0, & |x|<a\end{cases}$$

注意在 $x=\pm a$（邊界），其力為

$$f(x)=V_0[\delta(x+a)-\delta(x-a)]$$

因此在古典力學中粒子將會反彈回來（如果能量為負）。我們將看到在量子力學中反古典直覺的現象將發生。水丁格方程式的解為

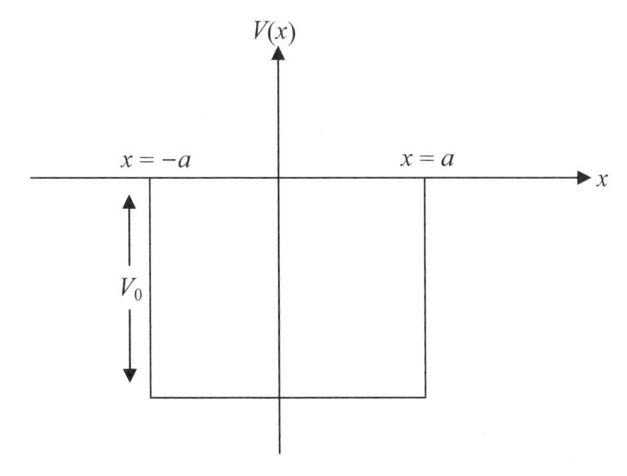

圖 2.10 有限深度方位能

$$\psi_L = A_r e^{ikx} + A_l e^{-ikx}, x < -a$$
$$\psi_M = C_r e^{ik'x} + C_l e^{-ik'x}, -a < x < a$$
$$\psi_R = B_r e^{ikx} + B_l e^{-ikx}, x > a$$

其中 $A_r, A_\ell, B_r, B_\ell, C_r, C_\ell$ 為待定常數。其中 k 和 k' 定義為

$$k^2 \equiv \frac{2m}{\hbar^2}E, k'^2 \equiv \frac{2m}{\hbar^2}(E + V_0)$$

由於波函數在邊界需連續，一般也要求波函數的一階導數在邊界也連續，則有

$$\psi_R(a) = \psi_M(a)$$
$$\psi_R'(a) = \psi_M'(a)$$
$$\psi_M(-a) = \psi_L(-a)$$
$$\psi_M'(-a) = \psi_L'(-a)$$

而得到

$$B_r e^{ika} + B_l e^{-ika} = C_r e^{ik'a} + C_l e^{-ik'a}$$
$$ik(B_r e^{ika} - B_l e^{-ika}) = (C_r e^{ik'a} - C_l e^{-ik'a})ik'$$
$$C_r e^{-ik'a} + C_l e^{ik'a} = A_r e^{-ika} + A_l e^{ika}$$
$$ik'(C_r e^{-ik'a} - C_l e^{ik'a}) = (A_r e^{-ika} - A_i e^{ika})ik$$

(a)考慮 $E < 0$，束縛解

要求 $x \to \pm\infty$ 波函數有限，可得

$$A_r = 0 = B_l, k = i|k|$$

而解為

$$\psi(x) = \Theta(-a-x)A_l e^{|k|x} + \Theta(a-|x|)(C_r e^{ik'x} + C_l e^{-ik'x}) + \Theta(x-a)B_r e^{-|k|x}$$

其中 $\Theta(x)$ 定義為

$$\Theta(x) = \begin{cases} 1, x \geq 0 \\ 0, x < 0 \end{cases}$$

稱為黑維賽（Heaviside）函數。使用邊界條件代入為

$$\begin{bmatrix} e^{-|k|a} & -e^{-ik'a} & -e^{ik'a} & 0 \\ |k|e^{-|k|a} & -ik'e^{-ik'a} & ik'e^{ik'a} & 0 \\ 0 & -e^{ik'a} & -e^{-ik'a} & e^{-|k|a} \\ 0 & -ik'e^{ik'a} & ik'e^{-ik'a} & -|k|e^{-|k|a} \end{bmatrix} \begin{bmatrix} A_l \\ C_r \\ C_l \\ B_r \end{bmatrix} = 0$$

非簡單解的條件為係數行列式為零

$$|k|^2 - k'^2 + |k|k'(\cot k'a - \tan k'a) = (|k| + k'\cot k'a)(|k| - k'\tan k'a) = 0$$

則得偶宇稱態 $C_l = C_r$

$$\tan k'a = \frac{|k|}{k'} \text{或} \cot k'a = \frac{k'}{|k|}$$

及奇宇稱態 $C_l = -C_r$

$$\tan k'a = -\frac{k'}{|k|} \text{或} \cot k'a = -\frac{|k|}{k'}$$

分別得到

$$|k| = k'\tan k'a$$
$$|k| = -k'\cot k'a$$

此即能量決定式，最後得到對稱（symmetric）和反對稱（anti-symmetric）解

$$\psi_S(x) = N_S\left[\Theta(|x| - a)e^{-|k|(|x| - a)} + \Theta(a - |x|)\frac{\cos k'x}{\cos k'a}\right]$$

$$N_S = \left[\frac{1}{|k|} + \frac{|k|}{k'^2} + a\left(1 + \frac{|k|^2}{k'^2}\right)\right]^{-\frac{1}{2}}$$

$$\psi_A(x) = N_A\left[\mathrm{sgn}(x)\Theta(|x| - a)e^{-|k|(|k - a)|} + \Theta(a - |x|)\frac{\sin k'x}{\sin k'a}\right]$$

$$N_A = N_S$$

此時符號函數（sign function）為

$$\mathrm{sgn(x)}=\begin{cases}1, x>0\\0, x=0\\-1, x<0\end{cases}$$

其解為反對稱或對稱是因為

$$\begin{cases}\psi_S(-x)=\psi_S(x)\\\psi_A(-x)=-\psi_A(x)\end{cases}$$

注意到這些解有反演對稱（inversion symmetry）是由於位能本身有此對稱，即

$$V(-x)=V(x)$$

由於水丁格方程對空間反演（space inversion）對稱，所以其解也有此特性。注意到如果 $\psi(x)$ 是解，$\psi(-x)$ 也是解，則由於線性微分方程的特性，其線性組合 $\psi(x)\pm\psi(-x)$ 亦為解，也就是說反對稱及對稱亦可為其解。然而要求其為奇或偶函數是由於 $\psi(x)$ 和 $\psi(-x)$ 所描述的機率分布值一樣，即

$$P=|\psi(x)|^2=|\psi(-x)|^2$$

或

$$\psi(-x)=\pm\psi(x)$$

注意到上面能量決定式是一組所謂超越代數方程（transcendental algebraic equation），一般要用數值法（例如牛頓戡根法（root-finding method））戡根。但有一種方便的圖解法介紹如下。令

$$\eta=|k|a, \zeta=k'a$$

$$\kappa^2\equiv\frac{2m}{\hbar^2}V_0$$

則得

$$\begin{cases}\eta=\zeta\tan\zeta \\ \eta^2+\zeta^2=\kappa^2a^2\end{cases}\text{偶宇稱態}$$

$$\begin{cases}\eta=-\zeta\cot\zeta \\ \eta^2+\zeta^2=\kappa^2a^2\end{cases}\text{奇宇稱態}$$

分別繪出二式的函數（如圖 2.11）則交點為其解。

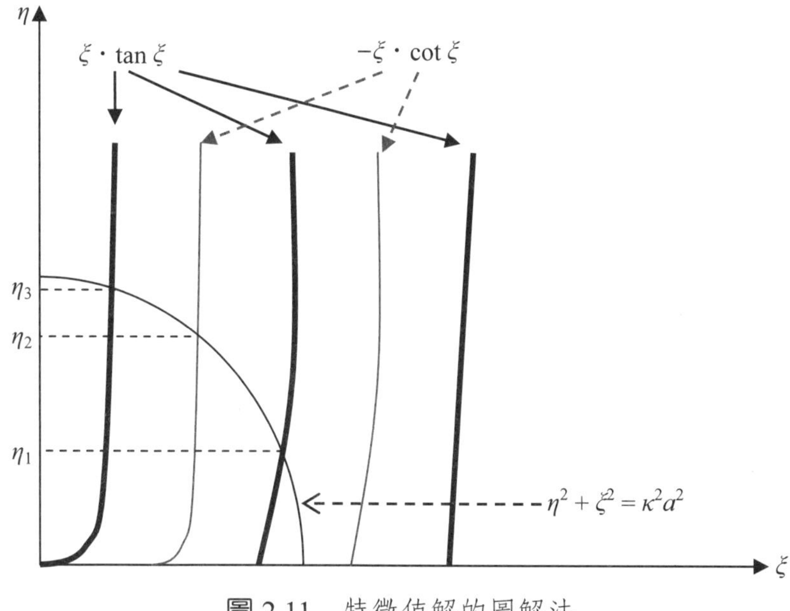

圖 2.11　特徵值解的圖解法

(b)考慮 $E>0$　散射能

令

$$A_r=1, A_l=r$$

$$B_r=0, B_r=t$$

則得

$$\begin{cases} te^{ika} = C_r e^{ik'a} + C_l e^{-ik'a} \\ te^{ika} = \frac{k'}{k}(C_r e^{ik'a} - C_l e^{-ik'a}) \\ re^{-ika} + e^{ika} = C_r e^{-ik'a} + C_l e^{ik'a} \\ re^{-ika} - e^{ika} = \frac{k'}{k}(C_r e^{-ik'a} - C_l e^{ik'a}) \end{cases}$$

解為

$$r = ie^{-2ika} \frac{(k'^2 - k^2)\sin 2k'a}{2kk'\cos 2k'a - i(k'^2 + k^2)\sin 2k'a}$$

$$t = e^{-2ika} \frac{2kk'}{2kk'\cos 2k'a - i(k'^2 + k^2)\sin 2k'a}$$

上述分析如對位壘

$$V(x) = \begin{cases} 0, |x| > a \\ V_0, |x| < a \end{cases}$$

則令 $k' \to ik = i\sqrt{\frac{2m}{\hbar^2}(V_0 - E)}$，但注意此時無束縛解。

應用例　半導體異質結構（semiconductor heterostructure）

方位能在半導體物理求解能譜有實際的應用，例如製程中多用薄膜磊晶法，在交接面處是一層反向電荷層（如圖 2.12），在電荷層厚度遠小於薄膜厚度時，可利用方位能模擬。

2.4 簡諧振子

古典簡諧振子（simple harmonic oscillator）的漢密爾頓量為

$$H = \frac{p^2}{2m} + \frac{1}{2}kx^2$$

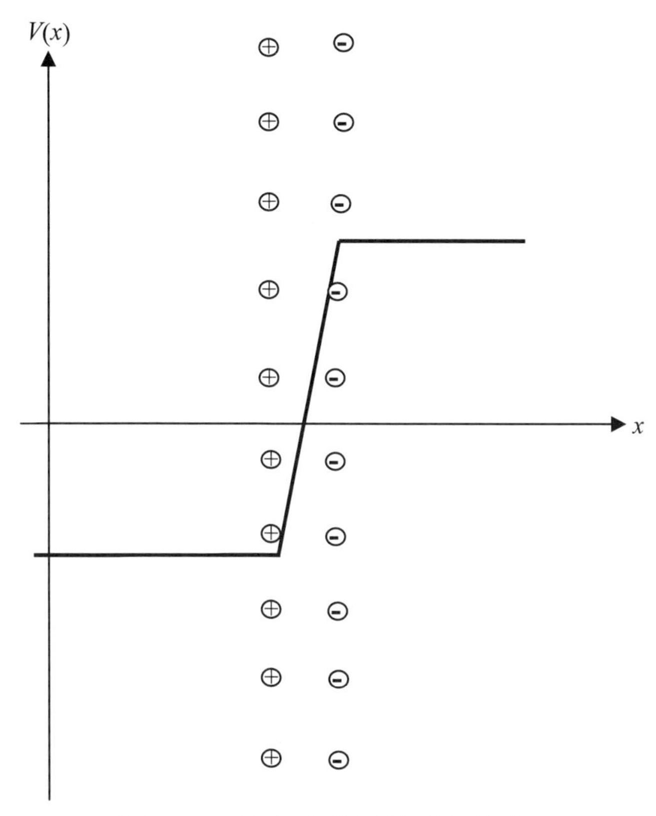

圖 2.12　反向電荷層附近之位能

其中 $k>0$ 為彈性常數（spring constant），則牛頓方程式為

$$m\ddot{x}+kx=0$$

或

$$\ddot{x}+\omega^2 x=0$$

其中

$$\omega \equiv \sqrt{\frac{k}{m}}$$

為振子自然頻率（natural frequency）。方程式解為

$$x = x_0 \cos \omega t$$

其中起始條件為

$$x(t=0) = x_0$$
$$\dot{x}(t=0) = 0$$

量子力學中水丁格方程式為

$$-\frac{\hbar^2}{2m}\frac{d^2\psi}{dx^2} + \frac{1}{2}kx^2\psi = E\psi$$

或

$$\frac{d^2\psi}{dx^2} = \left(\frac{mk}{\hbar^2}x^2 - \frac{2mE}{\hbar^2}\right)\psi$$

如令

$$y = \sqrt{\frac{m\omega}{\hbar}}x$$

及

$$\varepsilon = \frac{2E}{\hbar\omega}$$

則得

$$\frac{d^2\psi}{dy^2} - (y^2 - \varepsilon)\psi = 0$$

在 $|y| >> 1$ 條件下，此方程式可寫為

$$\frac{d^2\psi}{dy^2} - y^2\psi = 0$$

其解為

$$\psi(y) \approx e^{\pm y^2/2}$$

（練習檢驗此解之正確性），則建議是下列解

$$\psi(y)=A(y)e^{\pm y^2/2}$$

其中 $A(y)$ 是相對於 y 緩變函數。一般要求 $|y|\to\infty$ 時波函數仍為有限（此即局域邊界條件），否則全域解不能歸一化。所以只取

$$\psi(y)=A(y)e^{-y^2/2}$$

其中 $A(y)$ 趨近 ∞ 的速度要慢過 $e^{-y^2/2}$ 趨近零的速度。將此式解代入水丁格方程，則有

$$\frac{d^2A}{dy^2}-2y\frac{dA}{dy}+(\varepsilon-1)A=0$$

注意到此方程即為赫密（Hermite）微分方程，由於 $y=0$ 為方程式常點（regular point），可利用多項式函數展開

$$A(y)=\sum_{n=0}^{\infty}a_n y^n$$

則代入方程式齊次後得遞迴式（recursion relation）

$$a_{n+2}=\frac{2n-\varepsilon+1}{(n+1)(n+2)}a_n$$

如考慮 $y\to\infty$

$$a_{n+2}\approx a_n(2/n)$$

即

$$A(y)\approx\sum_{n=0}\frac{y^{2n}}{n!}\sim e^{y^2}$$

即波函數在 $y\to\infty$ 得為

$$\psi(y)\approx e^{y^2/2}\to\infty$$

為發散解（divergent）。欲避免此發散，則 $A(y)$ 級數必須截斷在某一個特

定的 n，由遞迴式得

$$\varepsilon = 2n + 1$$

或

$$E = E_n = \left(n + \frac{1}{2}\right)\hbar\omega,\ n = 0,\ 1,\ 2,\ 3,\ ....$$

因此可得特徵能量已量子化（quantized）。注意到能級間差為固定值，即 $\Delta E = \hbar\omega$。最低能量態（稱為基態（ground state））為 $n = 0$，即 $E_0 = \frac{1}{2}\hbar\omega$ 不為零，稱為零點能（zero point energy）。基態波函數為

$$\psi_0(x) = \frac{e^{-x^2/2a^2}}{\pi^{1/4}\sqrt{a}}$$

其中

$$a \equiv \sqrt{\hbar/m\omega}$$

一般性波函數之解可用赫密（Hermite）函數表示（見附錄五），即

$$\psi_n(x) = N_n e^{-x^2/2a^2} H_n(x/a)$$
$$N_n = [\sqrt{\pi} a 2^n n!]^{-1/2}$$

注意到此函數集合形成一正交歸一集，即

$$\int_{-\infty}^{\infty} \psi_n^* \psi_m dx = \delta_{nm}$$

簡諧振子的方程式可利用所謂昇降算符（raising and lowering operators）表示，在之後的算符法（operator method）中會用到。注意到方程式可利用能量解重寫為

$$\left(-\frac{d^2}{dy^2} + y^2\right)\psi_n = (2n+1)\psi_n$$

如令（無因次）昇降算符為

$$\hat{a}_{\pm} \equiv \frac{1}{\sqrt{2}}\left(\mp\frac{d}{dy}+y\right)$$

則可証明下列對易關係

$$[\hat{a}_{+}, \hat{a}_{-}] = -1$$

則有

$$\hat{a}_{+}\hat{a}_{-}\psi_n = n\psi_n$$

由於 $\hat{a}_{+}\hat{a}_{-}$ 作用在特徵函數上得量子數，定義 $\hat{n} \equiv \hat{a}_{+}\hat{a}_{-}$ 為數算符（number operator），即

$$\hat{n}\psi_n = n\psi_n$$

又可得

$$\hat{a}_{-}\hat{a}_{+}\psi_n = (n+1)\psi_n$$

利用赫密函數性質可得

$$\hat{a}_{-}\psi_n = \sqrt{n}\psi_{n-1}$$

$$\hat{a}_{+}\psi_n = \sqrt{n+1}\psi_{n+1}$$

利用昇降算符、漢密爾頓算符即為

$$\hat{H} = \hbar\omega\left(\hat{a}_{+}\hat{a}_{-}+\frac{1}{2}\right)$$

對於三維簡諧振子漢密爾頓算符為

$$\hat{H} = -\frac{\hbar^2}{2m}\nabla^2 + \frac{1}{2}m\omega^2 r^2$$

特徵值解

$$E_n = (N+\frac{3}{2})\hbar\omega,\ N = 2n_r + l$$

$n_r = 0, 1, 2, 3, ...,$ 為主量子數，而 $l = 0, 1, 2, 3, ...,$ 為角動量量子數，而有簡併數

$$f_N = \frac{1}{2}(N+1)(N+2)$$

基態波函數為

$$\psi_{00} = \frac{\alpha^{3/2}}{\pi^{3/4}} e^{-\frac{1}{2}\alpha^2 r^2}$$
$$\alpha = 1/a$$

2.5 中心力場－氫原子

現在我們來考慮二體問題，如有二質點其質量、坐標，及動量分別為 $m_1, \vec{r}_1, \vec{p}_1$ 及 $m_2, \vec{r}_2, \vec{p}_2$，而其作用位能 $V(\vec{r}_1, \vec{r}_2)$ 和 $\vec{r}_1$ 及 $\vec{r}_2$ 有關。古典漢密爾頓量為

$$H = \frac{p_1^2}{2m_1} + \frac{p_2^2}{2m_2} + V(\vec{r}_1, \vec{r}_2)$$

利用下列轉換

$$\begin{cases} \vec{R} = \dfrac{m_1\vec{r}_1 + m_2\vec{r}_2}{m_1 + m_2} \equiv \dfrac{m_1\vec{r}_1 + m_2\vec{r}_2}{M} \\ \vec{r} = \vec{r}_1 - \vec{r}_2 \end{cases}$$

$$\begin{cases} \vec{P} = M\dot{\vec{R}} \\ \vec{p} = \mu\dot{\vec{r}} \end{cases}$$

其中

$$\mu \equiv \frac{m_1 m_2}{m_1 + m_2}$$

為折合質量（reduced mass）。則可得

$$H=\frac{p^2}{2M}+\frac{p^2}{2\mu}+V(\vec{R},\vec{r})$$

如再假設 V 與 $\vec{R}$ 無關（一般即無外力），則漢密爾頓量可分成質心（center of mass）運動和相對運動。由於質心運動為自由粒子運動已知其解，我們可只注意相對運動，即

$$H=\frac{p^2}{2\mu}+V(\vec{r})$$

量子力學中漢密爾頓算符即

$$\hat{H}=\frac{\hat{p}^2}{2\mu}+V(\vec{r})$$

$$\hat{p}=-i\hbar\nabla_{\vec{r}}$$

則水丁格方程在三維球形坐標中寫為

$$-\frac{\hbar^2}{2\mu}\left\{\frac{1}{r^2}\frac{\partial}{\partial r}\left(r^2\frac{\partial\psi}{\partial r}\right)+\frac{1}{r^2\sin\theta}\frac{\partial}{\partial\theta}\left(\sin\theta\frac{\partial\psi}{\partial\theta}\right)+\frac{1}{r^2\sin^2\theta}\frac{\partial^2\psi}{\partial\phi^2}\right\}+V(\vec{r})\psi=E\psi$$

其中波函數 $\psi(r,\theta,\psi)$ 和球形坐標有關，如位能只為 r 的函數即稱中心力場（central force field），因此時力將指向 $\vec{r}$ 方向

$$V(\vec{r})=V(r)$$

$$\vec{f}(r)=-\frac{\partial V}{\partial r}\hat{r}$$

利用分離變數法

$$\psi(r,\theta,\phi)=R(r)Y(\theta,\phi)$$

得到

$$\frac{1}{R}\frac{d}{dr}\left(r^2\frac{dR}{dr}\right)-\frac{2\mu}{\hbar^2}r^2(V(r)-E)+\frac{1}{Y}\left[\frac{1}{\sin\theta}\frac{\partial}{\partial\theta}\left(\sin\theta\frac{\partial Y}{\partial\theta}\right)+\frac{1}{\sin^2\theta}\frac{\partial^2 Y}{\partial\phi^2}\right]=0$$

因此

$$\begin{cases} \frac{1}{Y}\left[\frac{1}{\sin\theta}\frac{\partial}{\partial\theta}\left(\sin\theta\frac{\partial Y}{\partial\theta}\right)+\frac{1}{\sin^2\theta}\frac{\partial^2 Y}{\partial\phi^2}\right]=C_1 \\ \frac{1}{R}\frac{d}{dr}\left(r^2\frac{dR}{dr}\right)-\frac{2\mu r^2}{\hbar^2}(V(r)-E)=C_2 \end{cases}$$

$$C_1+C_2=0$$

其中 C_1 和 C_2 為分離變數所用之常數。對於角向方程，再用分離變數

$$Y(\theta,\phi)=\Theta(\theta)\Phi(\phi)$$

則得

$$\begin{cases} \frac{1}{\Theta}\left[\sin\theta\frac{d}{d\theta}\left(\sin\theta\frac{d\Theta}{d\theta}\right)-C_1\sin^2\theta\right]=C_3 \\ \frac{1}{\Phi}\frac{d^2\Phi}{d\phi^2}=C_4 \end{cases}$$

$$C_3+C_4=0$$

其中 C_3 和 C_4 為常數。如取

$$C_4=-m^2<0$$（想想看為何如此取？）

則

$$\Phi(\phi)=e^{im\phi}$$

因為 Φ 為單值函數（single-valued function）

$$\Phi(\phi+2\pi)=\Phi(\phi)$$

則有

$$m=0,\pm1,\pm2,\ldots$$

因此得到

$$\sin\theta\frac{d}{d\theta}\left(\sin\theta\frac{d\Theta}{d\theta}\right)+[-C_1\sin^2\theta-m^2]\Theta=0$$

令變數 $x=\cos\theta$，得

$$\frac{d}{dx}\left[(1-x^2)\frac{d\Theta}{dx}\right]+\left[-C_1-\frac{m^2}{1-x^2}\right]\Theta=0$$

此為連結勒前德（Legendre）方程其解為（見附錄五）

$$C_1=-l(l+1)$$

$$\Theta_l^{|m|}(x)=(1-x^2)^{\frac{|m|}{2}}\left(\frac{d}{dx}\right)^{l+|m|}(x^2-1)^l$$

利用角向解代回徑向解得

$$\frac{1}{r^2}\frac{d}{dr}\left(r^2\frac{dR}{dr}\right)-\frac{2\mu}{\hbar^2}(V(r)-E)R=\frac{l(l+1)}{r^2}R$$

$$\frac{1}{r^2}\frac{d}{dr}\left(r^2\frac{dR}{dr}\right)-\frac{2\mu}{\hbar^2}\left[V(r)+\frac{l(l+1)\hbar^2}{2\mu r^2}-E\right]R=0$$

如令

$$R(r)=\frac{u(r)}{r}$$

則有

$$\frac{d^2u}{dr^2}-\frac{2\mu}{\hbar^2}(V_{eff}(r)-E)u=0$$

$$V_{eff}(r)=V(r)+\frac{l(l+1)\hbar^2}{2\mu r^2}$$

u 在 $r\rightarrow 0$ 時的漸近行為（asymptotic behavior）是

$$\frac{d^2u}{dr^2}-\frac{l(l+1)}{r^2}u=0$$

所以解為

$$\begin{cases}u\sim r^{l+1}\\ u\sim r^{-l}\end{cases}$$

而 u 在 $r \to \infty$ 時的漸近行為是

$$\frac{d^2u}{dr^2}+\frac{2\mu E}{\hbar^2}u=0$$

所以解為

$$\begin{cases} u \sim e^{-\sqrt{\frac{2\mu|E|}{\hbar^2}}r}, E<0 \\ u \sim e^{\pm i\sqrt{\frac{2\mu E}{\hbar^2}}r}, E>0 \end{cases}$$

因此我們可用試探函數法（method of trial function），如 $E<0$（束縛解），令

$$u=e^{-\alpha r}r^{l+1}f(r)$$

並考慮庫倫位能，

$$V(r)=-\frac{kZe^2}{r}$$

則得

$$\frac{d^2f}{dr^2}+(-2\alpha+\frac{2\ell+2}{r})\frac{df}{dr}+\left[\frac{\beta-\alpha(2\ell+2)}{r}\right]f=0$$

其中

$$\alpha=\sqrt{\frac{2\mu}{\hbar^2}(-E)}$$

$$\beta=\frac{2\mu}{\hbar^2}Ze^2k$$

此方程即連結拉蓋耳方程（associated Laguerre equation），其解為

$$E_n=-\frac{\mu e^4k^2Z^2}{2n^2\hbar^2}=-\frac{Z^2}{2n^2}(\frac{e^2}{a_0})\frac{\mu}{m_e}k^2$$

a_0 為原子單位（附錄四）。而基態解為

$$\psi_0=\sqrt{\frac{Z^3}{a_0^3\pi}}e^{-2r/a_0}$$

注意到能量只和 n 有關，n 稱為主量子數，而能量差即得到巴爾末公式。如果 $E=\frac{\hbar^2k^2}{2\mu}>0$（散射解），可得漸近解為

$$R_{k\ell}\sim\cos\left[kr+\frac{1}{k}\ln 2kr-\delta_\ell\right]\cdot\frac{1}{r}$$

$$\delta_\ell=\left(\frac{\ell+1}{2}\right)\pi+\arg\Gamma\left(\ell+1+i\frac{Z}{k}\right)$$

其中 δ_ℓ 為力場散射造成之相移（phase-shift）。詳細的討論可見 Bethe 及 Salpeter 的書（Bethe and Salpeter, Quantum Mechanics of One- and Two-electron Atoms）。

應用例　分子振動（vibration）及轉動（rotation）

雙原子分子（例如 H_2）振動及轉動可由上述簡單振子及角向方程式解表示，現簡述如下。先利用二體分析解得質心運動，則相對運動解即為前述徑向方程式。如令中心力場亦成立，則角向方程解亦與之前相同。事實上如比較古典剛體轉子（rigid rotor）之方程式，則角向方程式即為其量子對應，由之後算符法亦可得此即角動量方程式之解。徑向方程式即為三維簡諧振子。此即所謂剛體轉子－簡諧振子分子模型（molecular rigid rotor-simple harmonic oscillator model）。

2.6　高斯波包

在之前我們所解的均為與時間無關的水丁格方程式，一般而言是一個特徵值問題，或稱司徒姆－李維爾（Sturm-Liouville）問題，解得特徵值（即能量）再代入 $e^{-iEt/\hbar}$ 因子而形成時間相關波函數

$$\psi(x,t)=\sum_n b_n\,\psi_n(x)e^{-iE_nt/\hbar}$$

我們也可直接解時間相關水丁格方程，即

$$i\hbar\frac{\partial}{\partial t}\psi(\vec{r},t)=-\frac{\hbar}{2m}\nabla^2\psi(\vec{r},t)+V(\vec{r},t)\,\psi(\vec{r},t)$$

首先討論自由粒子，即位能為零 $V(\vec{r},t)=0$

$$i\hbar\frac{\partial}{\partial t}\psi(\vec{r},t)=-\frac{\hbar}{2m}\nabla^2\psi(\vec{r},t)$$

此方程有一基本解

$$\psi(\vec{r},t)=Ae^{i(\vec{k}\cdot\vec{r}-\omega t)}$$

其中

$$\hbar\omega=\frac{\hbar^2k^2}{2m}$$

或

$$E=\frac{p^2}{2m}=\frac{\hbar^2k^2}{2m}$$

注意到這就是普朗克－愛因斯坦－德布羅依關係

$$\begin{cases}E=\hbar\omega=h\nu\\ \vec{p}=\hbar\vec{k}=\dfrac{h}{\lambda}\hat{k}\end{cases}$$

由於方程式是線性的，線性疊加此基本解得到

$$\psi(\vec{r},t)=\frac{1}{(2\pi)^{3/2}}\int g(\vec{k})e^{i(\vec{k}\cdot\vec{r}-\omega t)}d^3k$$

首先考慮一維坐標 x，如初始條件為

$$\psi(x,0)=\frac{1}{\sqrt{2\pi}}\int g(k)e^{ikx}dk$$

或

$$g(k)=\frac{1}{\sqrt{2\pi}}\int\psi(x,0)e^{-ikx}dx$$

則解為

$$\psi(x,t)=\frac{1}{2\pi}\iint\psi\,(x',0)e^{-ikx'}dx'e^{i(kx-\omega t)}dk$$

通常初始波為局域性的（localized）函數，即 $g(k)$ 是局域性的（見圖 2.13），由傅立葉（Fourier）轉換即可得解。

由於此為複函數的線性疊加（或稱相量（phaser）），積分式中各波的相位（phase）很重要，如果取三個波數即 k_0, $k_0+\frac{\Delta k}{2}$，其中 Δk 是一個小的變化。則

$$\begin{aligned}\psi(x)&=\frac{g(k_0)}{\sqrt{2\pi}}\left[e^{ik_0x}+\frac{1}{2}e^{i\left(k_0-\frac{\Delta k}{2}\right)}+\frac{1}{2}e^{i\left(k_0+\frac{\Delta k}{2}\right)}\right]\\&=\frac{g(k_0)}{\sqrt{2\pi}}e^{ik_0x}\left[1+\cos\left(\frac{\Delta k}{2}x\right)\right]\end{aligned}$$

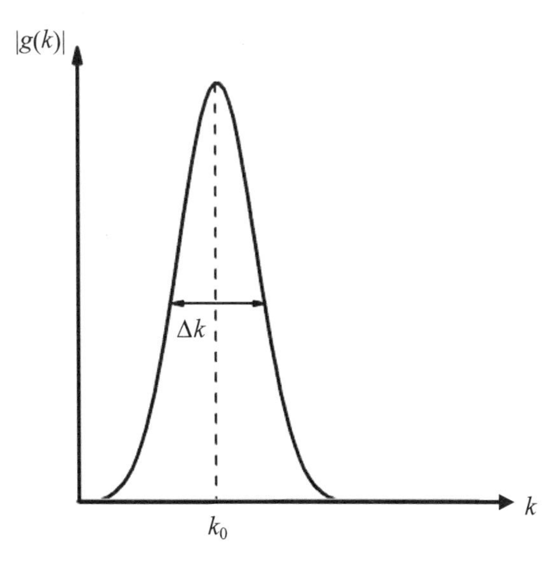

圖 2.13　局域波包

此疊加波如圖所示（見圖 2.14）注意到此加成波的峰值在 $x = 0$，這是由於三個基本波在 $x = 0$ 共相（in phase）（其無相位差），當 x 偏離 0，破壞性干涉（destructive interference）就出現了，而在 $x=\pm\dfrac{\Delta x}{2}$ 時，其相位差為 $\pm\pi$ 而成完全破壞性干涉，因此波值為 0。注意到

$$\Delta x \cdot \Delta k = 4\pi$$

此即所謂不確定關係（uncertainty relation），這對任何波動都有此關係，是傳立葉轉換（Fourier transform）的特性。如果考慮更普遍的情況，即

$$g(k) = |g(k)|e^{i\alpha(k)}$$

而 $\alpha(k)$ 是在 $\left[k_0 - \frac{1}{2}\Delta k, k_0 + \frac{1}{2}\Delta k\right]$ 之間緩慢變化的函數，則用泰勒（Taylor）展開式得

$$\alpha(k) \approx \alpha(k_0) + \left(\frac{d\alpha}{dk}\right)_{k_0}(k - k_0) + \ldots$$

及

$$\psi(x) = \frac{e^{i(k_0 x + \alpha(k_0))}}{\sqrt{2\pi}} \int |\, g(k)\,| e^{i(k - k_0)(x - x_0)} dk$$

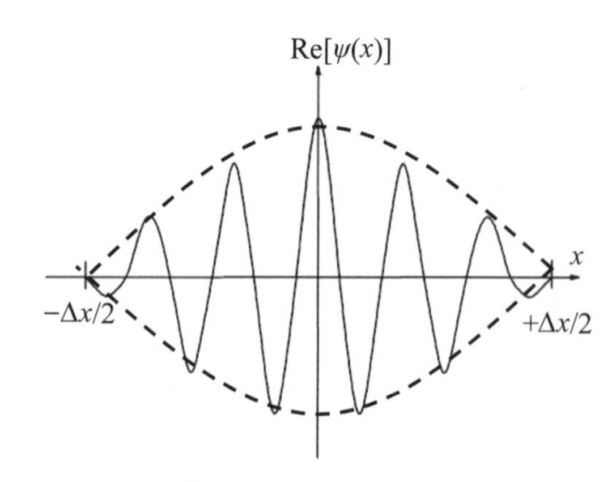

圖 2.14 複數波疊加

$$x_0 \equiv -\left(\frac{d\alpha}{dk}\right)_{k_0}$$

其中

$$\Delta x \cdot \Delta k \approx 4\pi$$

此即測不準原理的數學基礎。若考慮 $\Delta k << 1$ 的極限，此時波包的展延很大，以致於形成動量 $\hbar k_0$ 的平面波。依照 Bessel-Parseval 關係，則得

$$\int |\psi(x)|^2 \, dx = \int | g(k) |^2 \, dk$$

但此時方程式左邊→∞，也就是必須放棄「局域」波的描述。對於有限 Δk 波函數可歸一化，此時 $|g(k)|^2$ 代表動量在 $[\hbar k, \hbar(k + dk)]$ 間發現粒子的機率。

平面波 $e^{i(kx-\omega t)}$ 是以相速（phase velocity）$v_\psi(k) = \dfrac{\omega}{k}$ 運動。對於自由粒子 $\hbar\omega = \dfrac{\hbar^2 k^2}{2m}$，則得

$$v_\psi(k) = \frac{\hbar k}{2m}$$

考慮三個疊加的波

$$\begin{aligned}\psi(x, t) &= \frac{g(k_0)}{\sqrt{2\pi}}\left\{e^{i(k_0 x - \omega_0 t)} + \frac{1}{2}e^{i\left[\left(k_0 - \frac{\Delta k}{2}\right)x - \left(\omega_0 - \frac{\Delta\omega}{2}\right)t\right]}\right. \\ &\quad \left. + \frac{1}{2}e^{i\left[\left(k_0 + \frac{\Delta k}{2}\right)x - \left(\omega_0 + \frac{\Delta\omega}{2}\right)t\right]}\right\} \\ &= \frac{g(k_0)}{\sqrt{2\pi}}e^{i(k_0 x - \omega_0 t)}\left[1 + \cos\left(\frac{\Delta k}{2}x - \frac{\Delta\omega}{2}t\right)\right]\end{aligned}$$

波峰以群速（group velocity）$v_g(k) = \dfrac{\Delta\omega}{\Delta k}$ 運動，更一般地，令 $g(k) = |g(k)|e^{i\alpha(k)}$，則波峰的位置為

$$x_0 = -\left(\frac{d\alpha}{dk}\right)_{k_0} + \left(\frac{d\omega}{dk}\right)_{k_0} t$$

是以下列群速運動

$$v_g(k) = \left(\frac{d\omega}{dk}\right)_{k_0}$$

也就是令 $\alpha(k) \to \alpha(k) - \omega(k)t$

一個特例是高斯（Gaussian）波包，波函數的時間演化為（取 $\hbar = 1$）

$$\psi(x, t) = \frac{1}{\sqrt{2\pi}} \int_{-\infty}^{\infty} g(p) e^{i(px - Et)} dp$$

$$g(p) = \frac{1}{\sqrt{2\pi}} \int_{-\infty}^{\infty} \psi(x, 0) e^{-ipx} dx$$

如果起始波是高斯波包

$$g(p) = \frac{1}{\sqrt{2\pi}} \int_{-\infty}^{\infty} \left(\frac{1}{(2\pi\sigma^2)^{1/4}} e^{-\frac{(x-a)^2}{4\sigma^2}}\right) e^{-ipx} dx$$

$$= \left(\frac{2\sigma^2}{\pi}\right)^{\frac{1}{4}} e^{-\sigma^2 p^2 - iap}$$

則得

$$\psi(x, t) = \left(\frac{\sigma^2}{2\pi}\right)^{\frac{1}{4}} \frac{1}{\sqrt{\sigma^2 + i\frac{t}{2m}}} e^{-\frac{(x-a)^2}{4\left(\sigma^2 + i\frac{t}{2m}\right)}}$$

$$= (2\pi\sigma^2)^{\frac{-1}{4}} \frac{1}{\sqrt{\zeta(t)}} e^{-\frac{(x-a)^2}{4\sigma^2\zeta(t)}}$$

其中

$$\zeta(t) = 1 + i\frac{t}{2m\sigma^2}$$

$$|\psi(x, t)|^2 = (2\pi\sigma^2(t))^{\frac{-1}{2}} e^{-\frac{x^2}{2\sigma^2(t)}}, a = 0$$

及

$$\sigma^2(t) = \sigma^2 + \frac{t^2}{4m^2\sigma^2}$$

則 x 的標準差（standard deviation）為

$$\langle \Delta x^2 \rangle = \langle x^2 \rangle - \langle x \rangle^2 = \sigma^2(t)$$

$$\Delta x = \sqrt{\langle \Delta x^2 \rangle} = \sigma(t) = \sqrt{\sigma^2 + \frac{t^2}{4m^2\sigma^2}}$$

亦即波包隨時間增加而展延開。（見圖 2.15）上式也可利用下列方法得到

方法 1：

$$\psi(x,t) = \langle x | \psi(t) \rangle = \langle x | \hat{U}(t,0) | \psi(0) \rangle$$

$$= \int_{-\infty}^{\infty} dx' \langle x | \hat{U}(t,0) | x' \rangle \langle x' | \psi(0) \rangle$$

$$= \int_{-\infty}^{\infty} dx' D_F(xt, x') \psi(x', 0)$$

$$D_F(xt, x') = \int_{-\infty}^{\infty} dp \langle x | p \rangle e^{-i\frac{p^2}{2m}t} \langle p | x' \rangle$$

$$= \sqrt{\frac{m}{2\pi i t}} \exp\left[i \frac{m(x-x')^2}{2t} \right]$$

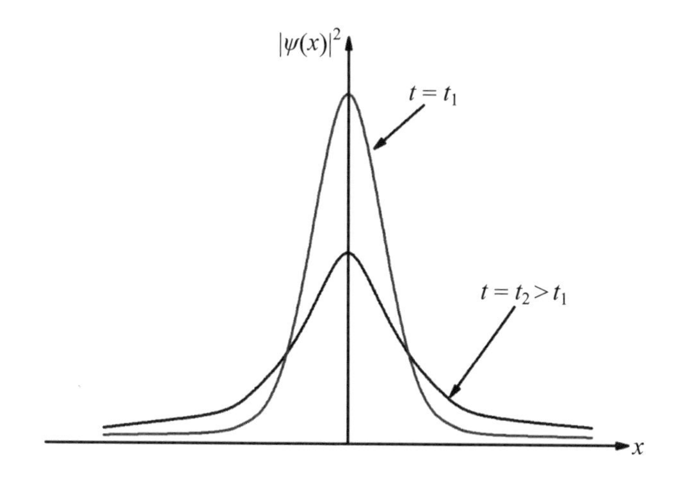

圖 2.15 波包隨時間增加而展延

$$\psi(x,t)=\int_{-\infty}^{\infty}dx'\sqrt{\frac{m}{2\pi it}}\exp\left[i\frac{m(x-x')^2}{2t}\right]\frac{1}{(2\pi\sigma^2)^{1/4}}\exp\left[-\frac{(x-a)^2}{4\sigma^2}\right]$$

$$=\left(\frac{\sigma^2}{2\pi}\right)^{1/4}\exp\left[-\frac{(x-a)^2}{4\left(\sigma^2+i\frac{t}{2m}\right)}\right]\frac{1}{\sqrt{\sigma^2+i\frac{t}{2m}}}$$

方法 2：

$$\langle x|\psi(t)\rangle=e^{i\hat{H}t}\psi(x,0)$$

$$=\sum_{n=0}^{\infty}\frac{1}{n!}\left(\frac{it}{2m}\right)^n\left(\frac{\partial^2}{\partial x^2}\right)^n\frac{1}{(2\pi\sigma^2)^{1/4}}\exp\left[-\frac{(x-a)^2}{4\sigma^2}\right]$$

注意 $\rho=\sigma^2$

$$\begin{cases}\left(\frac{\partial^2}{\partial x^2}\frac{1}{\sqrt{\rho}}-\frac{\partial}{\partial\rho}\frac{1}{\sqrt{\rho}}\right)e^{-\frac{(x-a)^2}{4\rho}}=0\\ \exp\left(\alpha\frac{\partial}{\partial\delta}\right)f(\delta)=f(\delta+\alpha)\end{cases}$$

$$\langle x|\psi\rangle=\sum_{n=0}^{\infty}\frac{1}{n!}\left(\frac{it}{2m}\right)^n\frac{1}{(2\pi\sigma^2)^{1/4}}\left(\frac{\partial^2}{\partial x^2}\right)^n e^{-\frac{(x-a)^2}{4\rho}}$$

$$=\sum_{n=0}^{\infty}\frac{1}{n!}\left(\frac{it}{2m}\right)^n\frac{1}{(2\pi\sigma^2)^{1/4}}\sqrt{\rho}\left(\frac{\partial}{\partial\rho}\right)^n\frac{1}{\sqrt{\rho}}e^{-\frac{(x-a)^2}{4\rho}}$$

$$=\left(\frac{\sigma^2}{2\pi}\right)^{\frac{1}{4}}\sum_{n=0}^{\infty}\frac{1}{n!}\left(\frac{it}{2m}\right)^n\left(\frac{\partial}{\partial p}\right)^n\frac{1}{\sqrt{\rho}}e^{-\frac{(x-a)^2}{4\rho}}$$

$$=\left(\frac{\sigma^2}{2\pi}\right)^{\frac{1}{4}}\exp\left[\frac{it}{2m}\frac{\partial}{\partial p}\right]\frac{1}{\sqrt{\rho}}\exp\left[-\frac{(x-a)^2}{4\rho}\right]$$

$$=\left(\frac{\sigma^2}{2\pi}\right)^{\frac{1}{4}}\frac{1}{\sqrt{\sigma^2+i\frac{t}{2m}}}\exp\left[-\frac{(x-a)^2}{4\left(\sigma^2+i\frac{t}{2m}\right)}\right]$$

現在利用高斯波包來說明測不準原理，由上述解可得

$$\begin{cases} \psi(x) = \dfrac{1}{\sqrt{2\pi}} \displaystyle\int g(k) e^{ikx} dk \\ g(k) = \dfrac{1}{\sqrt{2\pi}} \displaystyle\int \psi(x)\, e^{-ikx} dx \end{cases}$$

即

$$\psi(x) = e^{-\frac{1}{2}\alpha^2 x^2}$$

$$g(k) = \frac{1}{\alpha} e^{-k^2/2\alpha^2}$$

（見圖 2.16），則有

$$\Delta x \sim 1\alpha$$

$$\Delta k \sim \alpha$$

$$\Delta x \cdot \Delta k \sim 1$$

$$\Delta x \cdot \Delta p \sim \hbar$$

此即測不準原理的數學表示，更嚴格可証明

$$\Delta x \cdot \Delta p \geq \hbar/2$$

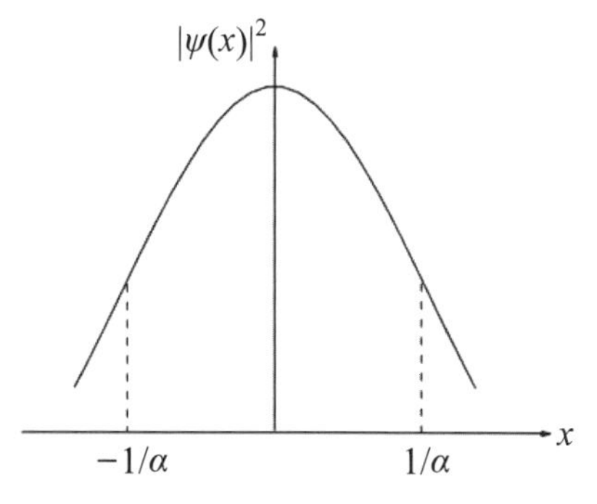

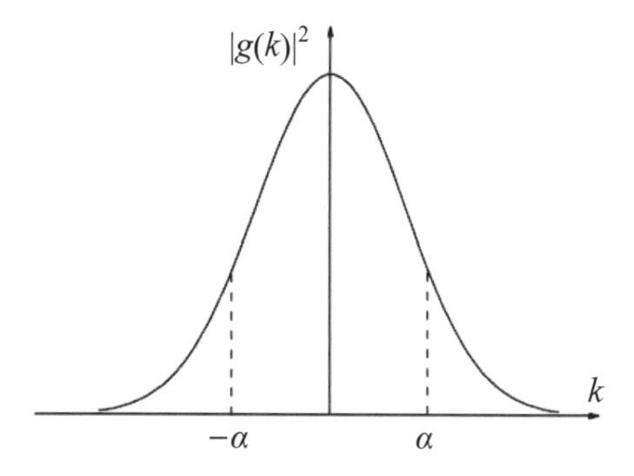

圖 2.16　高斯波包在 x 和 k 空間的波形

2.7 時間相關 Gross-Pitaevskii 方程

近年來低溫原子物理逐漸發現了強關聯（strong correlation）系統的重要性，這一多體物理的特性往往可利用自洽場法（self-consistent fieldmethod）簡化成非線性（nonlinear）水丁格方程而成單體問題，其中波色－愛因斯坦凝聚（Bose-Einstein Condensation 即 BEC）為近年來一熱門領域，其特性可由時間相關 *GP* 方程描述

$$i\hbar\frac{\partial}{\partial t}\psi(\vec{r},t)=\left[-\frac{\hbar^2}{2m}\nabla^2+V(\vec{r})+g|\psi(\vec{r},t)|^2\right]\psi(\vec{r},t)$$

其中 m 為波色子（boson）質量。$V(\vec{r})$ 是外場而 g 是和散射長度（scattering length）有關的非線性參數

$$g=\frac{4\pi\hbar^2}{m}a_s$$

其中 a_s 為散射長度，欲解束縛解，令 $\psi(\vec{r},t)=\Phi(\vec{r})e^{-i\mu t/\hbar}$，則得時間無關 GP 方程

$$\left[-\frac{\hbar^2}{2m}\nabla^2+V(\vec{r})+g|\Phi(\vec{r})|^2\right]\Phi(\vec{r})=\mu\Phi(\vec{r})$$

其中 μ 為化學勢（chemical potential），而冪參數（order parameter）可歸一化為粒子數，即

$$\int|\Phi(\vec{r})|^2d^3r=N$$

如無外場 $V=0$，則一簡單解為

$$\Phi(\vec{r})=\sqrt{N}/\sqrt{\overline{V}}$$

$\overline{V}$ 為體積，則得

$$\mu=g\frac{N}{\overline{V}}=\frac{\partial E}{\partial N}=gn$$

n 為數密度（number density），或自由能為

$$E=\frac{1}{2}g\frac{N^2}{V}$$

或

$$\frac{E}{N}=\frac{1}{2}g\frac{N}{V}=4\pi\,(na_s^3)\frac{\hbar}{2ma_s^2}$$

另一可能解為

$$\Phi\,(\vec{r})=\frac{\sqrt{N}}{\sqrt{V}}e^{i\vec{k}\cdot\vec{r}}$$

如 $\vec{k}\cdot\vec{r}$ 為實數，即有

$$\mu=\frac{\hbar}{2m}k^2+g\frac{N}{V}=\frac{\partial E}{\partial N}$$

或

$$E=\frac{\hbar^2}{2m}k^2N+\frac{1}{2}g\frac{N^2}{V}$$

或

$$\frac{E}{N}=\frac{\hbar^2 k^2}{2m}+4\pi\,(na_s^3)\frac{\hbar^2}{2ma_s^2}$$

注意 $g>0$ 時 BEC 作用為斥力，而 $g<0$ 時 BEC 作用為引力，因此由斥力到引力間有一能階差。

Chapter 3

近似方法

3.1 半古典近似
3.2 絕熱近似
3.3 微擾法
3.4 變分法
3.5 算符法

3.1 半古典近似（Semi-classical Approximation）

3.1.1 和古典漢密爾頓－賈可比（Hamilton-Jacobi, H-J）方程的關係

水丁格方程式為

$$i\hbar\frac{\partial\psi}{\partial t}=\left(-\frac{\hbar^2}{2m}\nabla^2+V\right)\psi$$

如令

$$\psi=Re^{iS/\hbar}$$

令 R 和 S 為實函數，代入則得

$$\begin{cases}\dfrac{\partial R}{\partial t}=-\dfrac{1}{2m}(R\nabla^2S+2\nabla R\cdot\nabla S)\\[2ex]\dfrac{\partial S}{\partial t}=-\left[\dfrac{1}{2m}(\nabla S)^2+V-\dfrac{\hbar^2}{2m}\dfrac{\nabla^2R}{R}\right]\end{cases}$$

注意如定義密度（density）函數和流量（flux）函數

$$\begin{cases}\rho=|\psi|^2=R^2\\[1ex]\vec{j}=\dfrac{\hbar}{2mi}[\psi^*\nabla\psi-\psi\nabla\psi^*]=\dfrac{R^2}{m}\nabla S\end{cases}$$

則第一式成為

$$\frac{\partial\rho}{\partial t}+\nabla\cdot\vec{j}=0$$

此即連續體力學（Continuum Mechanics）中的連續方程式（continuity equation）。如假設 $\hbar\to0$，則得

$$\frac{\partial S}{\partial t}+\frac{(\nabla S)^2}{2m}+V=0$$

此即形式上相等於古典漢密爾頓－賈可比方程式。如令「速度」為

$$\vec{v} \equiv \frac{\vec{j}}{\rho} = \frac{\nabla S}{m}$$

則

$$\frac{\partial S}{\partial t} + \frac{1}{2} m \vec{v}^{\,2} + V = 0$$

或

$$\frac{\partial}{\partial t}(\nabla S) + m(\vec{v} \cdot \nabla)\vec{v} + \nabla V = 0$$

或

$$m\left(\frac{\partial}{\partial t} + \vec{v} \cdot \nabla\right)\vec{v} = -\nabla V$$

或

$$m\frac{d\vec{v}}{dt} = \vec{F}$$

此即形式上等價於牛頓方程式。因此量子力學形式上可說是古典力學的一種推廣，其差別只在於 $\frac{\hbar^2}{2m}\frac{\nabla^2 R}{R}$ 這一項，由於其物理因次（dimension）為能量，或可稱為量子位能（quantum potential energy），如此一來，我們可以說量子力學和古典力學的差別只在此量子位能項的有無。所以上式又稱為量子 H-J 方程式。但如果要解此方程式必須解一聯立非線性方程，技術上頗複雜。必須利用疊代法（method of iteration），略述如下：

(1)先解一近似解 S_1（即令 $\hbar \to 0$，忽略量子位能項）

$$\frac{\partial S_1}{\partial t} + \frac{(\nabla S_1)^2}{2m} + V = 0$$

此為古典 H-J 方程，可用古典力學中介紹的方法，如正則變換

（canonical transformation）法，解出。

(2)代入 R 的方程解出 R_1

$$\frac{\partial R_1}{\partial t}=-\frac{1}{2m}\left(R_1\nabla^2 S_1+2\nabla R_1\cdot\nabla S_1\right)$$

或

$$\frac{\partial \rho_1}{\partial t}+\nabla\cdot\vec{j}_1=0$$

此即古典場論之連續方程式，因 $\vec{j}_1$ 已解得，此為一階偏微分方程，一般可以解出。

(3)將解出的 R_1 代入求量子位能 $V_q=\frac{\hbar^2}{2m}\frac{\nabla^2 R_1}{R_1}$，再代入量子 H-J 方程解，此時亦可視為另一古典 H-J 方程

$$\frac{\partial S_2}{\partial t}+\frac{(\nabla S_2)^2}{2m}+V-V_q=0$$

(4)解得 S_2 後再依上述(2)(3)步驟反覆疊代得解。

3.1.2 JWKB 法

上述半古典近似法因求解程序頗為複雜，故實際上要利用數值法。如對一維束縛態問題或特定散射態問題，有一法稱為 Jeffreys-Wentzel-Kramers-Brillouin（JWKB）法適用，簡介如下。水丁格方程式為

$$-\frac{\hbar^2}{2m}\frac{d^2\psi}{dx^2}+V\psi=E\psi$$

令

$$\psi=e^{iS/\hbar}$$

則得

$$\frac{1}{2m}\left(\frac{\partial S}{\partial x}\right)^2+\frac{\hbar}{i}\frac{1}{2m}\frac{d^2 S}{dx^2}=E-V(x)$$

如展開 S 為 $\hbar$ 冪次的級數

$$S=S_0+\frac{\hbar}{i}S_1+\left(\frac{\hbar}{i}\right)^2 S_2+\ldots$$

則得

$$\frac{1}{2m}(S_0')^2+\frac{\hbar}{i}\frac{1}{2m}(S_0''+2S_0'S_1')+\left(\frac{\hbar}{i}\right)^2((S_1')^2+2S_0'S_2'+S_1'')+\ldots$$
$$=E-V(x)$$

如對 $\hbar$ 冪次齊次

$$\frac{1}{2m}(S_0')^2=E-V(x)$$
$$2S_0'S_1'+S_0''=0$$
$$(S_1')^2+2S_0'S_2'+S_1''=0$$
$$\vdots$$

可即刻得零級近似解

$$S_0=\pm\int^x\sqrt{2m(E-V(x))}\,dx=\pm\int^x p(x)\,dx$$
$$p(x)\equiv\sqrt{2m(E-V(x))}$$

第一階方程式亦即得解析解

$$S_1'=-\frac{1}{2}\frac{S_0''}{S_0'}=-\frac{1}{2}\frac{p'}{p}=-\frac{1}{2}(\ln p)'=\left(\ln\frac{1}{\sqrt{p}}\right)'$$
$$S_1=\ln\frac{1}{\sqrt{p}}+\text{常數}$$

如展開式只保留到 $O(\hbar)$，則可以得到

(a)$E>V(x)$　古典允許（classically allowed）區

$$\psi(x)=\frac{C_1}{\sqrt{p}}e^{\frac{i}{\hbar}\int^x pdx}+\frac{C_2}{\sqrt{p}}e^{-\frac{i}{\hbar}\int^x pdx}=\frac{C}{\sqrt{p}}\sin\left[\frac{1}{\hbar}\int^x pdx+\alpha\right]$$

其中 C_1 及 C_2（或 C 及 α）為待定常數

(b)$E < V(x)$　古典不允許（classically forbidden）區

$$\psi(x) = \frac{C_3}{\sqrt{|p|}} e^{-\frac{1}{\hbar}\int^x |p| dx} + \frac{C_4}{\sqrt{|p|}} e^{\frac{1}{\hbar}\int^x |p| dx}$$

其中 C_3 及 C_4 為待定常數，如需決定待定常數，必須在古典反轉點（classical turning points），即 $V(x) = E$ 點，附近做波函數契合（matching），但因為 $p(x)$ 在這些反轉點為零，故上述近似解發散，一般先在反轉點附近取位能線性項以解得正解（即所謂艾瑞（Airy）函數），再利用正解之漸近行為（asymptotic behavior）做契合。例如圖 3.1 中所示之反轉點（定為 $x = 0$），則利用 JWKB 法

$$\psi^{JWKB}(x) = \begin{cases} \frac{1}{\sqrt{p}}\left[Be^{\frac{i}{\hbar}\int_x^0 p(x')dx'} + Ce^{-\frac{i}{\hbar}\int_x^0 p(x')dx'}\right] & \text{如 } x < 0 \\ \frac{1}{\sqrt{|p|}} De^{-\frac{1}{\hbar}\int_0^x |p| dx'} & \text{如 } x > 0 \end{cases}$$

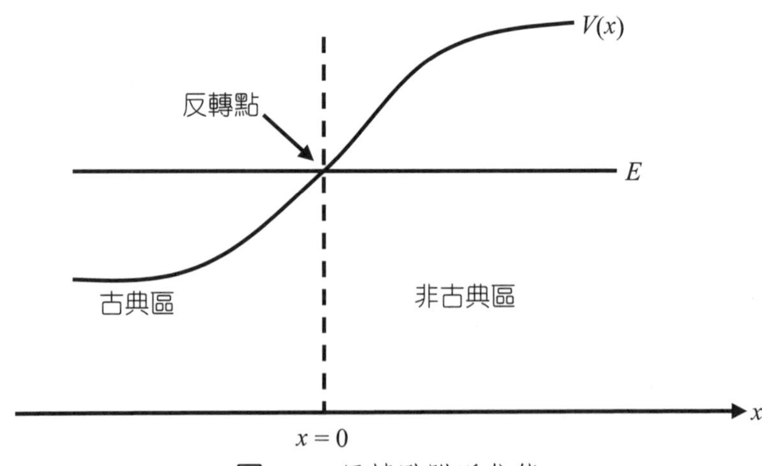

圖 3.1　反轉點附近位能

在 $x \to 0$ 時，JWKB 波函數均發散，這表示不能在反轉點附近用 JWKB 法，回到原來水丁格方程，注意到很接近反轉點時位能可視為線性的，即 $x \to 0$ 時

$$V(x) \approx E + V'(0)x$$

則令近似解 ψ_0 滿足

$$-\frac{\hbar^2}{2m}\frac{d^2\psi_0}{dx^2} + (E + V'(0)x)\psi_0 = E\psi_0$$

或

$$\frac{d^2\psi_0}{dz^2} = z\psi_0$$

其中

$$z = \alpha x = \left(\frac{2m}{\hbar^2}V'(0)\right)^{1/3} x$$

此即艾瑞方程式（見附錄五），其解為艾瑞函數。

$$\psi_0 = aA_i(\alpha x) + bB_i(\alpha x)$$

由於艾瑞函數是在 $x \approx 0$ 區域才對，而 JWKB 波函數則在 $|x| >> 0$ 才對，則契合的策略即考慮艾瑞函數在 $|x| >> 0$ 及 JWKB 波函數在 $x \approx 0$ 之漸近行為做比較，看看是否有可能找到彼此在重疊區（overlap region）的關係，例如先考慮 $x > 0$ 區

$$\psi^{JWKB} \xrightarrow{x \approx 0} \frac{D}{\sqrt{h}\alpha^{3/4}x^{1/4}} e^{-\frac{2}{3}(\alpha x)^{3/2}}$$

此式可將線性位能代入 $p(x)$ 的積分得到（練習）。另一方面利用艾瑞函數的漸近式（見附錄五）

$$\psi_0 \xrightarrow{x >> 0} \frac{a}{2\sqrt{\pi}(\alpha x)^{1/4}} e^{-\frac{2}{3}(\alpha x)^{3/2}} + \frac{b}{\sqrt{\pi}(\alpha x)^{1/4}} e^{\frac{2}{3}(\alpha x)^{3/2}}$$

如令

$$a=\frac{4\pi}{\alpha\hbar}D \quad 及 \quad b=0$$

則兩函數可契合。同理對 $x<0$ 區可得

$$B=-ie^{i\pi/4}D$$
$$C=-ie^{-i\pi/4}D$$

此即所謂 JWKB 法中之連結公式（connection formulas）。

應用例　半古典量子化規則（圖 3.2）

考慮在一箱中位能中運動的粒子，其波函數可近似為

$$\psi(x)\approx\frac{1}{\sqrt{p(x)}}(C_1\sin S(x)+C_2\cos S(x))$$
$$S(x)=\frac{1}{\hbar}\int_0^x p(x')dx'$$
$$p(x)=\sqrt{\frac{2m}{\hbar^2}[E-V(x)]}$$

則代入邊界條件

$$\psi(x=0)=\frac{1}{\sqrt{p(0)}}(\cancel{C_1\sin 0}+C_2\cos 0)=0$$

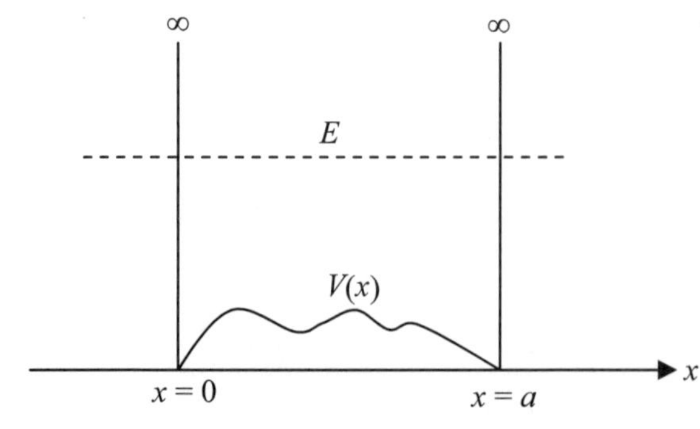

圖 3.2　箱中位能

$$C_2 = 0$$

$$\psi(x=a) = \frac{1}{\sqrt{p(a)}}(C_1 \sin S(a)) = 0$$

$C_1 \neq 0$，如 $p(a)$ 是有限不發散的，則得

$$S(a) = \frac{1}{\hbar}\int_0^a p(x)dx = n\pi, n = 1, 2, 3...$$

$$\int_0^a p(x)dx = n\pi\hbar$$

此即半古典量子化規則（semiclassical quantization rule）

應用例　穿隧公式（tunneling formula）（圖 3.3）

波函數為

$$\psi(x) = Ae^{ikx} + Be^{-ikx}, x < 0$$

$$\psi(x) \approx \frac{1}{\sqrt{p(x)}}\left(Ce^{\frac{1}{\hbar}\int_0^x |p(x')|dx'} + De^{-\frac{1}{\hbar}\int_0^x |p(x')|dx}\right), 0 < x < a$$

$$\psi(x) = Fe^{ikx}, x > a$$

而在邊界上須連續，故穿隧係數為

$$t = \frac{F}{A} \propto e^{-\frac{1}{\hbar}\int_0^a |p(x)|dx}$$

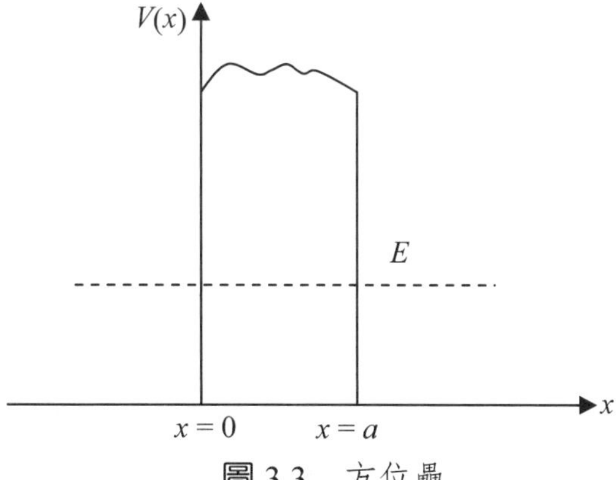

圖 3.3　方位壘

$$T \equiv |t|^2 = e^{-2r}$$

$$\gamma = \frac{1}{\hbar}\int_0^a |p(x)|dx$$

應用例　共振穿隧（resonance tunneling）

如圖之位能（見圖 3.4）則分區解。在 $a<x<b$ 區域，解為

$$\psi(x) = \frac{1}{\sqrt{p(x)}}\left[A' e^{i\int_a^x p(x')dx'} + A'' e^{-i\int_a^x p(x')dx'}\right]$$

$$= \frac{A}{\sqrt{p(x)}}\sin\left(\int_a^x p(x')dx' + \frac{\pi}{4}\right)$$

其中

$$\begin{pmatrix} A' \\ A'' \end{pmatrix} = A\begin{pmatrix} e^{-i\pi/4} \\ e^{i\pi/4} \end{pmatrix}$$

或

$$\psi(x) = \frac{1}{\sqrt{p(x)}}\left[B' e^{i\int_b^x p(x')dx'} + B'' e^{-i\int_b^x p(x')dx'}\right]$$

而有

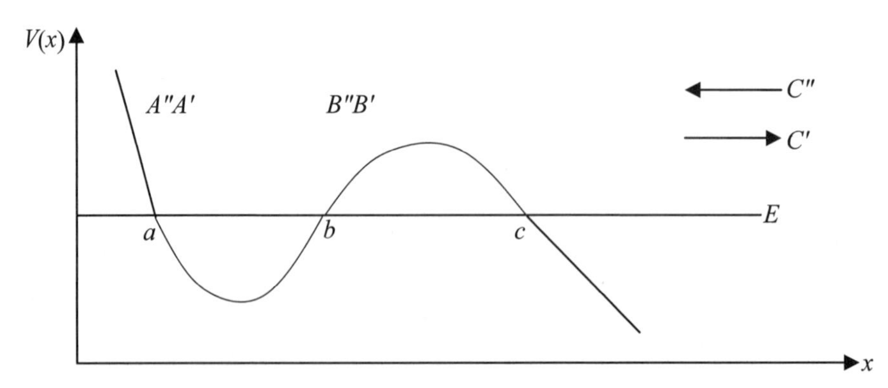

圖 3.4　共振穿隧位能

$$\begin{pmatrix} B' \\ B'' \end{pmatrix} = \begin{pmatrix} e^{i\alpha} & 0 \\ 0 & e^{-i\alpha} \end{pmatrix} \begin{pmatrix} A' \\ A'' \end{pmatrix}$$

$$\alpha \equiv \int_a^b p(x')\,dx'$$

在 $x > c$ 區域，解為

$$\psi(x) = \frac{1}{\sqrt{p(x)}} \left[C' e^{i\int_c^x p(x')\,dx'} + C'' e^{-i\int_c^x p(x')\,dx'} \right]$$

其中

$$\begin{pmatrix} C' \\ C'' \end{pmatrix} = \begin{pmatrix} \sqrt{1+K^2}\,e^{-i\phi} & -iK \\ iK & \sqrt{1+K^2}\,e^{i\phi} \end{pmatrix} \begin{pmatrix} B' \\ B'' \end{pmatrix}$$

$$K \equiv e^{-\pi\varepsilon}$$

$$\phi \equiv \arg\Gamma\left(\frac{1}{2} + i\varepsilon\right) - \varepsilon \ln|\varepsilon| + \varepsilon$$

$$\varepsilon \equiv -\frac{1}{\pi}\int_b^c |p(x')|\,dx',\ E < V_{\max}$$

$$\varepsilon = \frac{i}{\pi}\int_{R_-}^{R_+} |p(x')|\,dx',\ E > V_{\max}$$

其中 $R_\pm$ 是 $p^2(x) = 0$ 的複數根，而 $V_{\max}$ 為位能的最大值，則有

$$\begin{pmatrix} C' \\ C'' \end{pmatrix} = \frac{A}{\mathbb{X}} \begin{pmatrix} e^{i\gamma} \\ e^{-i\gamma} \end{pmatrix}$$

$$\mathbb{X} = (1 + 2K^2 + 2K\sqrt{1+K^2}\cos 2\alpha')^{-1/2}$$

$$\gamma = \tan^{-1}\left[\frac{\sqrt{1+K^2} - K}{\sqrt{1+K^2} + K}\tan\alpha'\right] - \frac{\phi}{2} - \frac{\pi}{4}$$

$$\alpha' \equiv \alpha - \frac{\phi}{2}$$

令 $A = \mathbb{X}$，利用西格（Siegert）出向邊界條件（outward boundary condition），即 $C'' = 0$，則得

$$(\sqrt{1+K^2}+K)\cos\alpha' - i(\sqrt{1+K^2}-K)\sin\alpha' = 0$$

其中 E 為複數，或

$$1+2K^2+2K\sqrt{1+K^2}\cos 2\alpha' = 0$$

亦即

$$\mathbb{X}\left(E = E_V - i\frac{\Gamma_V}{2}\right) = 0$$

當 $K \gg 1$ 時，得到

$$\mathbb{X}^2(E) \propto \frac{\Gamma_V}{(E-E_V)^2+\frac{\Gamma_V^2}{4}}$$

此即所謂費許巴赫（Feshbach）共振。其共振能量為 E_v，而衰減速率（decay rate）為 Γ_V，生命期（lifetime）為 $\hbar/\Gamma_V$。而

$$\Gamma_V \propto \exp\left(-2\int_b^c |p(x')|\, dx'\right)$$

此即穿隧公式。

3.2 絕熱近似

此近似法最好的利用時機是物理系統中有兩群變數，而其動力學反應有很大的差別（一快一慢、一遠一近、一強一弱等等）。例如有 R 和 r 兩群坐標，如對應 R 的運動比 r 的慢很多，則 R 可稱為絕熱坐標（adiabatic coordinate）（相對於 r 而言）。此時水丁格方程為

$$\hat{H}(r, R)\psi(r, R) = E\psi(r, R)$$

$$\hat{H} = \widehat{T_R} + \widehat{H_0}(r, R)$$

其中 $\hat{T}_R$ 為 R 運動動能，而 $\widehat{H_0}$ 為其餘項。從古典力學來看，對應的 R 動能

項 $\hat{T}_R$ 會比對應 r 的小很多，所以可先假設 $\hat{T}_R$ 可忽略，而解

$$\widehat{H_0}\,(r;R)\,\psi_0\,(r;R)=U_0\,(R)\,\psi_0\,(r;R)$$

注意到 $\psi_0(r;R)$ 是一個近似的波函數，r 為變數（variable），R 為參數（parameter）（因此用分號；分開），解的程序為對固定 R 解此方程而得特徵值 $U_0(R)$ 及 $\psi_0(r;R)$。得到 $U_0(R)$ 後再解

$$(\widehat{T_R}+U_0\,(R))\Theta\,(R)=E\Theta\,(R)$$

這仍然是水丁格型（Schrödinger type）的方程式，但此時 R 為變數。物理意義上即為 $U_0(R)$ 是對 R 坐標的等效位能（effective potential）。

應用例　分子物理中的波恩－歐本海默近似（Born-Oppenhermer approximation, BOA）

在非相對論分子物理中我們考慮一個分子是由 K 個原子核和 N 個電子組成，其中原子核質量為 M_k，電荷為 $+Z_ke$，$k=1,2,3......,K$。電子質量 m，電荷(-e)。水丁格方程為

$$\hat{H}\Psi=E\Psi$$

漢密爾頓算符可寫為

$$\hat{H}=\widehat{T_n}+\widehat{T_e}+V$$

其中動能項為

$$\begin{cases}\widehat{T_n}=-\dfrac{\hbar^2}{2}\sum\limits_{k=1}^{K}\dfrac{1}{M_k}\nabla_k^2\\[2ex]\widehat{T_e}=-\dfrac{\hbar^2}{2m}\sum\limits_{i=1}^{N}\nabla_i^2\end{cases}$$

而位能項為

$$V=V_{nn}+V_{Ne}+V_{ee}$$

$$\begin{cases} V_{nn} = \sum\limits_{k \neq k'}^{K} \dfrac{e^2}{4\pi\varepsilon_0} \dfrac{Z_k Z_{k'}}{|\vec{R}_k - \vec{R}_{k'}|} \\ V_{ne} = \sum\limits_{k}^{K} \sum\limits_{i}^{N} \dfrac{(-e^2)}{4\pi\varepsilon_0} \dfrac{Z_k}{|\vec{R}_k - \vec{r}_i|} \\ V_{ee} = \sum\limits_{i \neq i'}^{N} \dfrac{e^2}{4\pi\varepsilon_0} \dfrac{1}{|\vec{r}_i - \vec{r}_{i'}|} \end{cases}$$

其中 $\vec{R}_k$ 及 $\vec{r}_i$ 分別代表原子核及電子之坐標。如取 $\hat{T}_N \approx 0$，則

$$\hat{H} = \widehat{H_0} - \widehat{H'}$$

$$\begin{cases} \widehat{H_0} = \widehat{T_e} + V \\ \widehat{H'} = \widehat{T_n} \end{cases}$$

$$\widehat{H_0}\,\phi\,(\vec{r}; \hat{R}) = E_n^{(0)}(\vec{R})\,\phi_n(\vec{r}; \vec{R})$$

代表電子在固定原子核位置時的波方程式，其中 $E_n^{(0)}(\vec{R})$ 為第 n 個電子態對應的特徵值。注意到 $\phi_n(\vec{r}; \vec{R})$ 代表電子波函數，利用展開式

$$\Psi = \sum_m \chi_m(\vec{R})\,\phi_m(\vec{r}, \vec{R})$$

代入原始水丁格方程則得

$$[E_n^{(0)}(\vec{R}) - E]\chi_n + \sum_m \int \phi_n^*\,\widehat{H'}\,(\chi_m \phi_m)\,dr = 0$$

其中 $\int dr$ 代表對全部電子坐標積分

$$\int \phi_n^*\,\widehat{H'}\,(\chi_m \phi_m)\,dr = \int \phi_n^*\,(\widehat{H'}\chi_m)\,\phi_m\,dr + C_{nm}\chi_m$$

$$C_{nm} = \int \phi_n^*\,\widehat{H'}\,\phi_m dr - \hbar^2 \int \phi_n^* \sum_k \frac{1}{M_k} \frac{\partial \phi_m}{\partial \vec{R}_k} dr \cdot \frac{\partial}{\partial \vec{R}_k}$$

由於第一項可化簡為

$$\int \phi_n^*\,(\hat{H}'\chi_m)\,\phi_m\,d\vec{r} = \hat{H}'\chi_n$$

則得

$$[\widehat{H}' + E_n^{(0)}(\vec{R})]\chi_n + \sum_m C_{nm}\chi_m = E\chi_n$$

注意到此方程式和原始水丁格方程式是等價的。如此時忽略所有對角化及非對角化項 C_{nm}，則

$$(\widehat{H}' + E_n^{(0)}(\vec{R}))\chi_n = E\chi_n$$

$$(\hat{T}_n + E_n^{(0)}(\vec{R}))\chi_n = E\chi_n$$

此式稱為 BOA，這就是原子核所滿足的水丁格型方程式。要注意等效位能 $U_n(\vec{R}) = E_n^0(\vec{R})$ 和電子態的量子數 n 有關，即不同電子態有不同的等效位能。

如在上式中保留對角化項 C_{nm}，則得

$$(\hat{T}_n + U_n(\vec{R}) + C_{nn}(\vec{R}))\chi_n(\vec{R}) = E\chi_n(\vec{R})$$

此仍為水丁格型方程式。

$$(\hat{T}_n + U_n'(\vec{R}))\chi_n(\vec{R}) = E\chi_n(\vec{R})$$

則等效位能變為

$$U'_n(\vec{R}) = E_n^0(\vec{R}) + C_{nn}(\vec{R})$$

這在文獻上稱為 Born Huang 近似（但有些書叫做絕熱近似（adiabatic approximation））可參考 R. Seiler, Helvetica Physica Acta 46, 230(1973) 文章

應用例　金屬、π 鍵或（簡化的）氫分子離子 H_2^+（圖 3.5）

在這些系統中，電子如同自由電子。

$$\hat{H} = \widehat{T_n} + \widehat{H_e}$$

$$\widehat{H_e} = \widehat{T_e} + (U_{en} + U_{ee}) + U_{nn} \approx \widehat{T_e} + 0 + U_{NN}$$

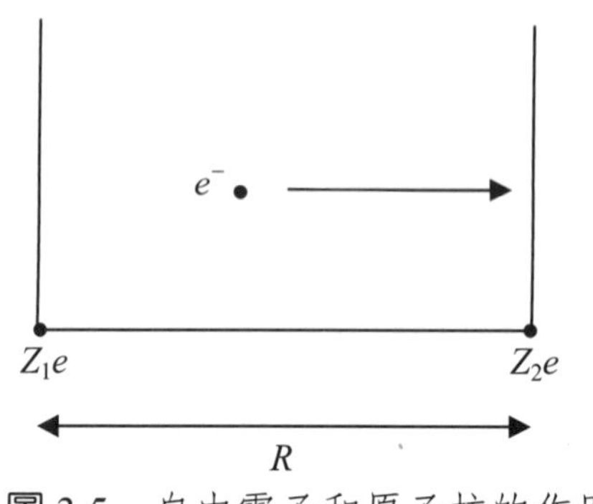

圖 3.5　自由電子和原子核的作用

亦即電子如同在箱中粒子運動一般。則得

$$\psi = \sqrt{\frac{2}{R}} \sin \frac{\pi}{R} x$$

$$E_g = \frac{\hbar^2}{2m} \cdot \frac{\pi^2}{R^2}$$

而有等效位能如下形式

$$U^{eff}(R) = -\frac{\alpha}{R^2} + \frac{\beta}{R}$$

其中 α 和 β 為常數，原子核的運動方程式為

$$\left(\widehat{T}_e - \frac{\alpha}{R^2} + \frac{\beta}{R}\right)\Theta = E\Theta$$

這很像一個「氫原子」方程式，此為可解型水丁格方程式。練習解出並得到位能面。

應用例　分子高激發態的反波恩－歐本海默近似（inverse BOA）

如有一電子受光激發到非常高激發態（即主量子數 n 很大，約 $n \approx 100$），此時電子運動變得很慢且距離分子核心很遠。分子核心中即使最慢的振動也可能快過這電子的運動，這電子稱為芮得柏電子（Rydberg electron）。要解這種分子系統的水丁格方程式，可利用反 BOA 法，略述如下：

$$\hat{H} = \hat{T}_e + \hat{H}_{core}$$

其中 $\hat{T}_e$ 是芮得柏電子動能算符，$\hat{H}_{core}$ 為其他的動能和位能項，如取 $\hat{T}_e \approx 0$，則先解

$$\hat{H}_{core}\Phi_\lambda = U(r)\Phi_\lambda$$

其中 Φ_λ 為描述分子核運動的波函數，而 $U(r)$ 和芮得柏電子坐標 r 有關，依照前述類似 BOA 的操作，可得

$$(\hat{T}_e + U(r))\phi_n(r) = E\phi_n(r)$$

此為水丁格型方程式，在此方程式中 $U(r)$ 就扮演了等效位能的角色，芮得柏電子即在此位能中運動。

3.3 微擾法

由於大多數作用位能對應的水丁格方程式不容易得到正解（exact, closed-form, solutions）或解析解（analytical solutions），因此如果一系統可用第二章的簡單系統描述，而且作用位能和簡單系統的位能差相對於簡單系統的位能可視為小量時，可利用微擾法處理。

3.3.1 非簡併態時間無關微擾法（non-degenerate state time independent perturbation theory）

考慮系統漢密爾頓分為兩部分

$$\hat{H} = \hat{H}_0 + \lambda\hat{H}'$$

如對應 $\hat{H}_0$ 之特徵問題已解出

$$\hat{H}_0|\psi_n^0\rangle = E_0|\psi_n^0\rangle$$

則令

$$\hat{H}|\psi_n\rangle=(\hat{H}_0+\lambda\hat{H}')|\psi_n\rangle=E_n|\psi_n^0\rangle$$

利用展開式

$$\begin{cases}|\psi_n\rangle=|\psi_n^0\rangle+\lambda|\psi_n^{(1)}\rangle+\lambda^2|\psi_n^{(2)}\rangle+\ldots\\ E_n=E_n^0+\lambda E_n^{(1)}+\lambda^2E_n^{(2)}+\ldots\end{cases}$$

代入原水丁格方程式且依λ的各冪次整理得

$$\begin{cases}(\hat{H}_0-E_n^0)|\psi_n^0\rangle=0\\ (\hat{H}_0-E_n^0)|\psi_n^{(1)}\rangle+(\hat{H}'-E_n^{(1)})|\psi_n^0\rangle=0\\ (\hat{H}_0-E_n^0)|\psi_n^{(2)}\rangle+(\hat{H}'-E_n^{(1)})|\psi_n^{(1)}\rangle-E_n^{(2)}|\psi_n^0\rangle=0\end{cases}$$

第一式即為 $\hat{H}_0$ 的特徵值問題。第二式如左乘 ψ_m^{0*} 而後積分（利用狄拉克符號（見附錄一）），則展開到λ的第一階，

$$\lambda'\Rightarrow(E_m^0-E_n^0)\langle\psi_n^0|\psi_n^{(1)}\rangle+\langle\psi_m^0|\hat{H}'|\psi_n^0\rangle-E_n^{(1)}\delta_{mn}=0$$

此處已假設正交性

$$\langle\psi_m^0|\psi_n^0\rangle=\delta_{mn}$$

則有

$$m=n,\ E_n^{(1)}=\langle\psi_n^0|\hat{H}'|\psi_n^0\rangle$$

$$m\neq n,\ \langle\psi_m^0|\psi_n^{(1)}\rangle=\frac{\langle\psi_m^0|\hat{H}'|\psi_n^0\rangle}{E_n^0-E_m^0}$$

由於 $E_n^0-E_m^0$ 出現在分母，所以此法只適用於非簡併態。又有

$$|\psi_n^{(1)}\rangle=\sum_m|\psi_m^0\rangle\langle\psi_m^0|\psi_n^{(1)}\rangle$$

$$=|\psi_n^0\rangle\langle\psi_n^0|\psi_n^{(1)}\rangle+\sum_{m\neq n}|\psi_m^0\rangle\frac{\langle\psi_m^0|H'|\psi_n^0\rangle}{E_n^0-E_m^0}$$

$$E_n=E_n^0+\lambda\langle\psi_n^0|H'|\psi_n^0\rangle$$

可得

$$|\psi_n\rangle = |\psi_n^0\rangle + \lambda|\psi_n^0\rangle\langle\psi_n^0|\psi_n^{(1)}\rangle + \lambda\sum_{m\neq n}|\psi_n^0\rangle\frac{\langle\psi_m^0|\hat{H}'|\psi_n^0\rangle}{E_n^0 - E_m^0}$$

即

$$\langle\psi_n|\psi_n\rangle = \langle\psi_n^0|\psi_n^0\rangle + \lambda\left(\langle\psi_n^0|\psi_n^{(1)}\rangle + \langle\psi_n^{(1)}|\psi_n^0\rangle\right) + \mathbb{O}(\lambda^2) = 1$$

則可得

$$\langle\psi_n^0|\psi_n^{(1)}\rangle = i\alpha$$

即為一純虛數，所以有

$$|\psi_n\rangle = (1 + i\alpha\lambda)|\psi_n^0\rangle + \lambda\sum_{m\neq n}|\psi_m^0\rangle\frac{\langle\psi_m^0|\hat{H}'|\psi_n^0\rangle}{E_n^0 - E_m^0}$$

如展開到 λ^2 階，則有

$$(E_m^0 - E_n^0)\langle\psi_m^0|\psi_n^0\rangle + \langle\psi_m^0|\hat{H}'|\psi_n^{(1)}\rangle - E_n^{(1)}\langle\psi_m^0|\psi_n^{(1)}\rangle - E_n^{(2)}\delta_{mn} = 0$$

則有

$$m = n,\ E_n^{(2)} = \sum_{k\neq n}\frac{|\langle\psi_k^0|\hat{H}'|\psi_n^0\rangle|^2}{E_n^0 - E_k^0}$$

$$m \neq n,\ \langle\psi_m^0|\psi_n^0\rangle = \frac{\langle\psi_m^0|(\hat{H}' - E_n^{(1)})|\psi_n^{(1)}\rangle}{E_n^0 - E_m^0}$$

又有

$$\langle\psi_n|\psi_n\rangle = \langle\psi_n^0|\psi_n^0\rangle + \lambda^2\left(\langle\psi_n^0|\psi_n^{(2)}\rangle + \langle\psi_n^{(1)}|\psi_n^{(1)}\rangle + \langle\psi_n^{(2)}|\psi_n^0\rangle\right) + \mathbb{O}(\lambda^3) = 1$$

則

$$\langle\psi_n^0|\psi_n^{(2)}\rangle + \langle\psi_n^{(1)}|\psi_n^{(1)}\rangle + \langle\psi_n^{(2)}|\psi_n^0\rangle = 0$$

或

$$\mathrm{Re}\,(\langle \psi_n^0 | \psi_n^{(2)} \rangle) = -\frac{1}{2} \langle \psi_n^{(1)} | \psi_n^{(1)} \rangle$$

即

$$|\psi_n\rangle = (1 + i\alpha\lambda + \lambda^2 \langle \psi_n^0 | \psi_n^{(2)} \rangle) |\psi_n^0\rangle$$
$$+\lambda \sum_{m\neq n} |\psi_m^0\rangle \left(\frac{\langle \psi_m^0 | \hat{H}' | \psi_n^0 \rangle}{E_n^0 - E_m^0} + \lambda \frac{\langle \psi_m^0 | (\hat{H}' - E_n^{(1)}) | \psi_n^{(1)} \rangle}{E_n^0 - E_m^0} \right)$$

此程序可繼續到任意階次，然而一般停在第二階即已足夠。這種方法叫做 Rayleigh-Schrödinger (R-S) 法。

另一處理法則為

$$\hat{H}|\psi_n\rangle = E_n|\psi_n\rangle$$
$$\hat{H} = \hat{H}_0 + \lambda \hat{H}'$$
$$\begin{cases} |\psi_n\rangle = |\psi_n^0\rangle + \lambda |\psi_n^{(1)}\rangle + \lambda^2 |\psi_n^{(2)}\rangle + \ldots \\ E_n = E_n^0 + \lambda E_n^{(1)} + \lambda^2 E_n^{(2)} + \ldots \end{cases}$$
$$\lambda^0：(E_n^0 - \hat{H}_0)|\psi_n^0\rangle = 0$$
$$\lambda^1：(E_n^0 - \hat{H}_0)|\psi_n^{(1)}\rangle = (\hat{H}' - E_n^{(1)})|\psi_n^0\rangle$$
$$\Rightarrow E_n^{(1)} = \langle \psi_n^0 | \hat{H}' | \psi_n^0 \rangle$$

假設所謂中介歸一化條件（intermediate normalization）

$$\langle \psi_n^0 | \psi_n^{(p)} \rangle = 0, p = 1, 2, 3 \ldots$$

定義投影算符（projection operator）

$$\hat{P}_n = |\psi_n^0\rangle\langle \psi_n^0|$$
$$\hat{Q}_n = 1 - \hat{P}$$

可得

$$\begin{cases}\hat{P}_n|\psi_n^{(p)}\rangle=0\,,\ p=1,2,3\ldots\\ \hat{P}_n|\psi_n^0\rangle=|\psi_n^0\rangle\end{cases}$$

$$\begin{cases}\hat{Q}_n|\psi_n^0\rangle=0\\ \hat{Q}_n|\psi_n^{(p)}\rangle=|\psi_n^{(p)}\rangle\end{cases}$$

$\hat{Q}_n$ 的作用為

$$(E_n^0-\hat{H}_0)\hat{Q}_n|\psi_n^{(1)}\rangle=\hat{Q}_n\hat{H}'|\psi_n^0\rangle$$

定義分解（resolvent）算符 $\hat{R}_n$，使作用為

$$\hat{R}_n(E_n^0-\hat{H}_0)\hat{Q}_n=\hat{Q}_n$$

$\hat{R}_n$ 的作用為

$$\begin{aligned}\hat{R}_n(E_n^0-\hat{H}_0)\hat{Q}_n|\psi_n^{(1)}\rangle&=\hat{R}_n\hat{Q}_n\hat{H}'|\psi_n^0\rangle\\ =\hat{Q}_n|\psi_n^{(1)}\rangle&=\hat{R}_n\hat{H}'|\psi_n^0\rangle=|\psi_n^{(1)}\rangle\end{aligned}$$

此處已用到

$$\begin{cases}\hat{R}_n\hat{Q}_n=\hat{R}_n\\ \hat{Q}_n\hat{H}_0=\hat{H}_0\hat{Q}_n\end{cases}$$

則得

$$|\psi_n^{(1)}\rangle=\hat{R}_n\hat{H}'|\psi_n^0\rangle$$

到第二階為

$$\lambda^2:(E_n^0-\hat{H}_0)|\psi_n^{(2)}\rangle=(\hat{H}'-E_n^{(1)})|\psi_n^{(1)}\rangle-E_n^{(2)}|\psi_n^0\rangle$$

$\hat{R}_n\hat{Q}_n$ 的作用為

$$\begin{aligned}\hat{R}_n(E_n^0-\hat{H}_0)\hat{Q}_n|\psi_n^{(2)}\rangle&=\hat{R}_n\hat{Q}_n(\hat{H}'-E_n^{(1)})|\psi_n^{(1)}\rangle\\ =\hat{Q}_n|\psi_n^{(2)}\rangle\qquad&=\hat{R}_n(\hat{H}_1-E_n^{(1)})|\psi_n^{(1)}\rangle\\ =|\psi_n^{(2)}\rangle\qquad&\end{aligned}$$

則得

$$|\psi_n^{(2)}\rangle = \hat{R}_n(\hat{H}' - E_n^{(1)})|\psi_n^{(1)}\rangle$$

$$E_n^{(2)} = \langle \psi_n^0|\hat{H}'|\psi_n^{(1)}\rangle$$

同理可得第三階及第四階

$$\lambda^3：(E_n^0 - \hat{H}_0)|\psi_n^{(3)}\rangle = (\hat{H}' - E_n^{(1)})|\psi_n^{(2)}\rangle - E_n^{(2)}|\psi_n^{(1)}\rangle - E_n^{(3)}|\psi_n^0\rangle$$

$$\Rightarrow E_n^{(3)} = \langle \psi_n^0|\hat{H}'|\psi_n^{(2)}\rangle$$

$$\Rightarrow |\psi_n^{(3)}\rangle = \hat{R}_n(\hat{H}' - E_n^{(1)})|\psi_n^{(2)}\rangle - E_n^{(2)}\hat{R}_n|\psi_n^{(1)}\rangle$$

$$\lambda^4：E_n^{(4)} = \langle \psi_n^0|\hat{H}'|\psi_n^{(2)}\rangle$$

$$|\psi_n^{(4)}\rangle = \hat{R}_0(\hat{H}' - E_n^{(1)})|\psi_n^{(3)}\rangle - E_n^{(2)}\hat{R}_n|\psi_n^{(2)}\rangle - E_n^{(3)}\hat{R}_n|\psi_n^{(1)}\rangle$$

更一般地對於第 p 階的解為

$$|\psi_n^{(p)}\rangle = \hat{R}_n(\hat{H}' - E_n^{(1)})|\psi_n^{(p-1)}\rangle - \sum_{q=2}^{p-1} E_n^{(q)}\hat{R}_n|\psi_n^{(p-q)}\rangle$$

亦即 p 階波函數和 $E_n^{(1)}, E_n^{(2)}, ..., E_n^{(p-1)}, |\psi_n^{(1)}\rangle, |\psi_n^{(2)}\rangle, ..., |\psi_n^{(p-1)}\rangle$ 相關

$$E_n^{(p)} = \langle \psi_n^0|\hat{H}'|\psi_n^{(p-1)}\rangle$$

$$= \langle \psi_n^0|\hat{H}'\hat{R}_n(\hat{H}' - E_n^{(1)})|\psi_n^{(p-2)}\rangle - \sum_{q=2}^{p-2} E_n^{(q)}\langle \psi_n^0|\hat{H}'\hat{R}_n|\psi_n^{(p-1-q)}\rangle$$

能量表示法又可寫成

$$E_n^{(3)} = \langle \psi_n^0|\hat{H}'\hat{R}_n\hat{H}'\hat{R}_n\hat{H}'|\psi_n^{(0)}\rangle - E_n^{(1)}\langle \psi_n^0|\hat{H}'\hat{R}_n^2\hat{H}'|\psi_n^{(0)}\rangle$$

$$E_n^{(4)} = \langle \psi_n^0|\hat{H}'\hat{R}_n\hat{H}'\hat{R}_n\hat{H}'\hat{R}_n\hat{H}'|\psi_n^{(0)}\rangle - E_n^{(1)}\langle \psi_n^0|\hat{H}'\hat{R}_n^2\hat{H}'\hat{R}_n\hat{H}'|\psi_n^{(0)}\rangle$$

或更一般地，

$$\begin{cases} |\psi_n^{(p)}\rangle = \hat{R}_n(\hat{H}' - E_n^{(1)})|\psi_n^{(p-1)}\rangle - \sum_{q=2}^{p-1} E_n^{(q)}\hat{R}_n|\psi_n^{(p-q)}\rangle \\ E_n^{(p)} = \langle \psi_n^0|\hat{H}'|\psi_n^{(p-1)}\rangle \end{cases}$$

此即能求解的遞迴式，例如

$$E_n^{(3)} = \langle \psi_n^0|\hat{H}'\hat{R}_n\hat{H}'\hat{R}_n\hat{H}'|\psi_n^0\rangle - E_n^{(1)}\langle \psi_n^0|\hat{H}'\hat{R}_n^2\hat{H}'|\psi_n^0\rangle$$

本法可參考下列書籍 Goldberger and Watson, Collision Theory(1964); Ziman, Elements of Advanced Quantum Theory(1969); Sakurai, Modern Quantum Mechanics(1985).

另有一法稱為 Wigner-Brillouin(W-B) 法，略述如下。水丁格方程為

$$\hat{H} = \hat{H}_0 + \hat{H}'$$

$$\hat{H}_0|a\rangle = E_a^0|a\rangle$$

$$\hat{H}|\lambda\rangle = (\hat{H}_0 + \hat{H}')|\lambda\rangle = E_\lambda|\lambda\rangle \tag{3-1}$$

如定義格林（Green）函數

$$\hat{G}(z) = \frac{1}{z - \hat{H}}$$

則有

$$(z - \hat{H}_0)\hat{G} = 1 + \hat{H}'\hat{G}$$

及

$$\langle a'|\hat{G}(z)|a\rangle = \sum_\lambda \frac{\langle a'|\lambda\rangle\langle\lambda|a\rangle}{z - E_\lambda}$$

注意在 $z = E_\lambda$ 時

$$[\langle a'|\hat{G}(z)|a\rangle]^{-1} = 0$$

定義一個算符為

$$\hat{G} = \hat{F}\hat{g}$$

而有下列性質

$$\begin{cases}\langle a'|\hat{g}|a\rangle=\delta_{a'a}G_{aa}(z)\\ \langle a'|\hat{G}(z)|a\rangle=\langle a'|\hat{F}|a\rangle G_{aa}(z)\\ \langle a'|\hat{F}|a\rangle=1\end{cases}$$

則有

$$(z-\hat{H}_0)\hat{F}\hat{g}=1+\hat{H}'\hat{F}\hat{g}$$

或

$$\langle a|(z-\hat{H}_0)\hat{F}\hat{g}|a\rangle=(z-E_a^0)G_{aa}(z)=1+R_{aa}(z)G_{aa}(z)$$

其中

$$\langle a|\hat{G}(z)|a\rangle\equiv G_{aa}(z)$$

$$R_{aa}(z)=\langle a|\hat{H}'\hat{F}|a\rangle$$

或

$$\hat{R}\equiv\hat{H}'\hat{F}$$

此算符 $\hat{R}$ 稱為位階移動（level shift）算符。則有

$$G_{aa}(z)=[z-E_a^0-R_{aa}(z)]^{-1}$$

及

$$E_\lambda=E_a^0+R_{aa}(E_\lambda)$$

如果要求解 R_{aa}，則回到

$$(z-\hat{H}_0-\hat{Q})\hat{F}\hat{g}=1+(\hat{H}-\hat{Q})\hat{F}\hat{g}$$

或

$$\hat{F}=\frac{1}{z-\hat{H}_0-\hat{Q}}\frac{1}{\hat{g}}+\frac{1}{z-\hat{H}_0-\hat{Q}}(\hat{H}'-\hat{Q})\hat{F}$$

或

$$\hat{F}|a\rangle = \frac{1}{z-\hat{H}_0-\hat{Q}}(z-\hat{H}_0-R_{aa}) + \frac{1}{z-\hat{H}_0-\hat{Q}}(\hat{H}'-\hat{Q})\hat{F}|a\rangle \tag{3-2}$$

其中 $\hat{Q}$ 是一個可以自由選擇的算符。如選

$$\hat{Q} = R_{aa}\hat{P}_a$$

其中

$$\hat{P}_a = |a\rangle\langle a|$$

則有

$$\hat{F}|a\rangle = |a\rangle + \frac{1}{z-\hat{H}_0}(1-\hat{P}_a)\hat{H}'\hat{F}|a\rangle$$

或

$$\hat{F} = 1 + \frac{1}{z-\hat{H}_0}(1-\hat{P}_a)\hat{H}'\hat{F}$$

或

$$\hat{R} = \hat{H}' + \hat{H}'\frac{1}{z-\hat{H}_0}(1-\hat{P}_a)\hat{R}$$

或

$$\hat{R} = \hat{H}' + \hat{H}'\frac{1}{z-\hat{H}_0}(1-\hat{P}_a)\hat{H}'$$
$$+\hat{H}'\frac{1}{z-\hat{H}_0}(1-\hat{P}_a)\hat{H}'\frac{1}{z-\hat{H}_0}(1-\hat{P}_a)\hat{H}' + \ldots$$

或

$$R_{aa} = \langle a|\hat{H}'|a\rangle + \sum_{a'\neq a}\frac{|\langle a'|\hat{H}'|a\rangle|^2}{z-E_{a'}^0} + \ldots$$

則

$$E_\lambda = E_a^0 + \langle a|\hat{H}'|a\rangle + \sum_{a' \neq a} \frac{|\langle a'|\hat{H}'|a\rangle|^2}{E_\lambda - E_a^0} + \ldots$$

此即 W-B 展開法。注意如選

$$\hat{Q} = R_{aa}\hat{P}_a + \Delta E_{a\lambda}(1 - \hat{P}_a)$$

其中

$$\Delta E_{a\lambda} \equiv E_\lambda - E_a^0$$

則得

$$\hat{F}|a\rangle = |a\rangle + \frac{1}{E_a^0 - \hat{H}_0}(1 - \hat{P}_a)(\hat{H}' - \Delta E_{a\lambda})\hat{F}|a\rangle$$

或

$$\hat{F} = 1 + \frac{1}{E_a^0 - \hat{H}_0}(1 - \hat{P}_a)(\hat{H}' - \Delta E_{a\lambda})\hat{F}$$

由方程式（3-2）得

$$\Delta E_{a\lambda} = R_{aa}(E_a^0 + \Delta E_{a\lambda})$$

及

$$\Delta E_{a\lambda} = \langle a|\hat{H}'|a\rangle + \sum_{a' \neq a} \frac{|\langle a'|\hat{H}'|a\rangle^2|}{E_a^0 - E_{a'}^0} + \ldots$$

此為 R-S 展開。

如改寫方程式（3-1）為

$$(E_\lambda - \hat{H}_0)|\lambda\rangle = \hat{H}'|\lambda\rangle \tag{3-3}$$

則解為

$$|\lambda\rangle \quad |a\rangle + |\phi\rangle$$

利用中介歸一條件

$$\langle a|\phi\rangle = 0$$

得

$$\begin{cases} \hat{P}_a|\phi\rangle = 0 \\ (1-\hat{P}_a)|\psi\rangle = |\phi\rangle \end{cases}$$

即有

$$(E_\lambda - \hat{H}_0)|\phi\rangle = (1-\hat{P}_a)\hat{H}'|\lambda\rangle$$

及

$$E_\lambda = E_a^0 + \langle a|\hat{H}'|\lambda\rangle \qquad (3\text{-}4)$$

分別用及 $(1-\hat{P}_a)$ 及 $\hat{P}_a$ 作用在方程（3-3）及利用（3-4）做遞迴，則得

$$|\lambda\rangle = |a\rangle + \frac{1}{E_\lambda - \hat{H}_0}(1-\hat{P}_a)\hat{H}'|a\rangle + \frac{1}{E_\lambda - \hat{H}_0}(1-\hat{P}_a)\hat{H}'|a\rangle \frac{1}{E_\lambda - \hat{H}_0}(1-\hat{P}_a)\hat{H}'|a\rangle \ldots$$

及

$$E_\lambda = E_a^0 + \langle a|\hat{H}'|a\rangle + \sum_{a'\neq a}\frac{|\langle a'|\hat{H}'|a\rangle|}{E_\lambda - E_{a'}^0} + \ldots$$

此即 W-B 展開法

如方程式（3-1）寫為

$$(E_a^0 - \hat{H}_0)|\lambda\rangle = (\hat{H}' - \Delta E_{a\lambda})|\lambda\rangle$$

則

$$(E_a^0 - \hat{H}_0)|\phi\rangle = (1-\hat{P}_a)(\hat{H}' - \Delta E_{a\lambda})|\lambda\rangle \qquad (3\text{-}5)$$

則用（3-5）式做遞迴，得

$$|\lambda\rangle=|a\rangle+\frac{1}{E_a^0-\hat{H}_0}(1-\hat{P}_a)(\hat{H}'-\Delta E_{a\lambda})|a\rangle$$
$$+\frac{1}{E_a^0-\hat{H}_0}(1-\hat{P}_a)(\hat{H}'-\Delta E_{a\lambda})\frac{1}{E_a^0-\hat{H}_0}(1-\hat{P}_a)(\hat{H}'-\Delta E_{a\lambda})|a\rangle+\dots$$

及

$$E_\lambda=E_a+\langle a|\hat{H}'|a\rangle+\sum_{a'\neq a}\frac{|\langle a'|H'|a\rangle|}{E_a^0-E_{a'}^0}+\dots$$

此即 R-S 展開法

此兩種展開法（R-S 法和 W-B 法）不同處可由雙態（two state）問題說明，例如對於雙態系統（態 0 及態 1）W-B 法得到

$$E=E_0^0+\frac{|\hat{H}'_{01}|^2}{E-E_1^0}$$

此即 R-S 法中行列式解

$$\begin{vmatrix} E-E_0^0 & H'_{01} \\ H'_{10} & E-E_1^0 \end{vmatrix}=0$$

注意 W-B 法中得到的是特徵值 E 的隱函數（implicit function）方程，較難求解，但一般較準確。

應用例　凡得瓦爾（van der Waals）力（圖 3.6）

考慮兩個氫原子作用

$$\hat{H}=\widehat{H_1}^0+\widehat{H_2}^0+\widehat{H}'$$

則有

$$\widehat{H_1}^0=+\frac{\widehat{p_1}^2}{2m}-\frac{e^2}{r_{1a}}$$
$$\widehat{H_1}^0\psi_1^0=E_1^0\psi_1^0$$

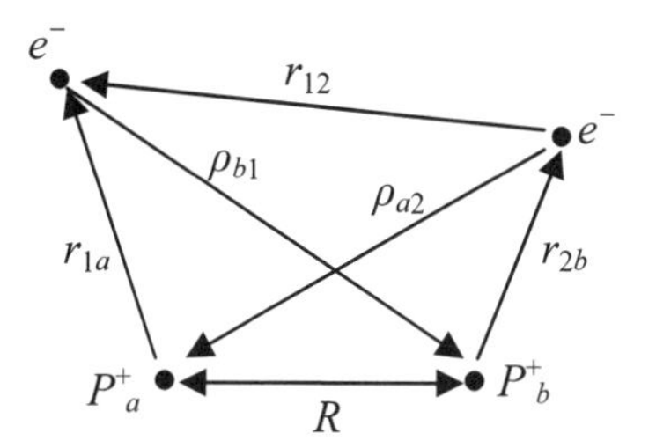

圖 3.6 兩個原子間的作用

$$E_1^0 = -\frac{R_y}{{n_1}^2}$$

$$\widehat{H_2}^0 = +\frac{\widehat{p_2}^2}{2m} - \frac{e^2}{r_{2b}}$$

$$\widehat{H_2}^0 \psi_2^0 = E_2^0 \psi_2^0$$

$$E_2^0 = -\frac{R_y}{{n_2}^2}$$

$$\widehat{H}' = \frac{-e^2}{\rho_{a2}} + \frac{-e^2}{\rho_{b1}} + \frac{e^2}{r_{12}} + \frac{e^2}{R}$$

$$\overrightarrow{\rho_{a2}} = \vec{R} + \overrightarrow{r_{2b}}$$

$$\overrightarrow{\rho_{b1}} = -\vec{R} + \overrightarrow{r_{1a}}$$

$$\overrightarrow{r_{12}} = -\overrightarrow{r_{1a}} + \vec{R} + \overrightarrow{r_{2b}} = \vec{R} + \overrightarrow{\rho_{12}}$$

$$\overrightarrow{\rho_{12}} = \overrightarrow{r_{2b}} - \overrightarrow{r_{1a}}$$

假設 $|\vec{R}| >> |\vec{r}_{1a}|, |\vec{r}_{2b}|, |\vec{\rho}_{12}|$，利用泰勒展開式

$$\frac{1}{\rho_{a2}} = \frac{1}{|\vec{R} + \overrightarrow{r_{2b}}|} \approx \frac{1}{R} - \frac{\vec{R} \cdot \overrightarrow{r_{2b}}}{R^3} + \ldots$$

$$\frac{1}{\rho_{b1}} = \frac{1}{|-\vec{R} + \overrightarrow{r_{1a}}|} \approx \frac{1}{R} + \frac{\vec{R} \cdot \overrightarrow{r_{1a}}}{R^3} + \ldots$$

$$\frac{1}{r_{12}}=\frac{1}{|\vec{R}+\overrightarrow{\rho_{12}}|}\approx\frac{1}{R}-\frac{\vec{R}\cdot\overrightarrow{\rho_{12}}}{R^3}+\dots$$

則可得到

$$\hat{H}'=\frac{1}{R^3}\left[\vec{d}_1\cdot\vec{d}_2-3(\vec{d}_1\cdot\hat{R})(\vec{d}_2\cdot\hat{R})\right]+O\left(\frac{1}{R^4}\right)$$

其中 $\vec{d}_1=(-e)\vec{r}_{1a}$, $\vec{d}_2=(-e)\vec{r}_{2b}$ 為電偶極矩（electric dipole moment）。如令零階波函數為

$$\psi^0=\psi_1^0\psi_2^0$$

則得一階能量修正為零，而二階能量修正為

$$E^{(2)}=\sum_{k\neq 0}\frac{|\langle\psi_0^0|\hat{H}'|\psi_k^0\rangle|^2}{E_0^0-E_k^0}\propto\frac{1}{R^6}$$

此即凡得瓦爾位能。

3.3.2 簡併態（degenerate state）時間無關微擾法

如有 d 重簡併，即

$$E_1^0=E_2^0=\dots=E_d^0=E^0$$

而零階水丁格方程

$$\hat{H}_0\psi_n^0=E_n^0\psi_n^0,\ n\leq d$$

已解出，則令

$$\begin{cases}E_n=E_n^0+\lambda E_n^{(1)}+\lambda^2E_n^{(2)}+\dots,\ n\leq d\\ \psi_n=\psi_n^{(0)}+\lambda\psi_n^{(1)}+\lambda^2\psi_n^{(2)}+\dots,\ n\leq d\end{cases}$$

其中

$$\psi_n^{(0)}\equiv\sum_{m=1}^{d}b_{nm}\psi_m^0$$

代入得

$$(\hat{H}_0+\lambda\hat{H}')(\psi_n^{(0)}+\lambda\psi_n^{(1)}+\lambda^2\psi_n^{(2)}+...)$$
$$=(E^0+\lambda E_n^{(1)}+\lambda^2 E_n^{(2)}+...)(\psi_n^{(0)}+\lambda\psi_n^{(1)}+\lambda^2\psi_n^{(2)}+...)$$

如對 λ 冪次齊次，則得

$$\begin{aligned}
&\lambda^0：(\hat{H}_0-E^0)\psi_n^{(0)}=0\\
&\lambda^1：(\hat{H}_0-E^0)\psi_n^{(1)}+(\hat{H}'-E_n^{(1)})\psi_n^{(0)}=0\\
&\lambda^2：(\hat{H}_0-E^0)\psi_n^{(2)}+(\hat{H}'-E_n^{(1)})\psi_n^{(1)}-E_n^{(2)}\psi_n^{(0)}=0
\end{aligned} \tag{3-6}$$

第一式等價於零級方程式，因為

$$\begin{aligned}
\hat{H}_0\psi_n^{(0)}&=\hat{H}_0\sum_{m=1}^{d}b_{nm}\psi_m^0\\
&=\sum_{m=1}^{d}b_{nm}(\hat{H}_0\psi_m^0)\\
&=\sum_{m=1}^{d}b_{nm}E^0\psi_m^0\\
&=E^0\sum_{m=1}^{d}b_{nm}\psi_m^0\\
&=E^0\psi_m^0
\end{aligned}$$

到 λ 第一階即包含一階修正項，如兩邊同乘 ψ_l^{0*} 並積分，則得到

$$\int\psi_l^{0}{}^*(\hat{H}_0-E^0)\psi_n^{(1)}d^3r+\int\psi_l^{0}{}^*(\hat{H}'-E_n^{(1)})\psi_n^{(0)}d^3r=0, l<d$$
$$=\int\psi_l^{0}{}^*\hat{H}'\sum_{m=1}^{d}b_{nm}\psi_m^0 d^3r-E_n^{(1)}b_{nl}$$

則有

$$\sum_{m=1}^{d}\left(\int\psi_l^{0}{}^*\hat{H}'\psi_m^0\right)b_{nm}=E_n^{(1)}b_{nl}$$

此即 $\hat{H}'$ 的特徵方程式。如果解出後所有的 $E_n^{(1)}, n\le d$ 都不相同，則簡併態不

存在。但是如果

$$E_1^{(1)} = E_2^{(1)} = E_3^{(1)} = \ldots = E_{d'}^{(1)} = E_1,\ d' \leq d$$

則一階修正項不足夠，而需考慮二階修正。如果一階修正後無簡併態，則

$$\psi_n^{(1)} = \sum_m A_{nm}^{(1)} \psi_m^0$$

代入一階修正方程式，得

$$0 = (\hat{H}_0 - E^0) \sum_m A_{nm}^{(1)} \psi_m^0 + (\hat{H}' - E_n^{(1)}) \psi_n^{(0)}$$

則利用左乘 ψ_l^{0*} 並積分。

$$\int \psi_l^{0*} (\hat{H}_0 - E_0) \sum_m A_{nm}^{(1)} \psi_m^0 d^3r + \int \psi_l^{0*} (\hat{H}' - E_n^{(1)}) \psi_n^0 d^3r = 0 \quad n \leq d$$

$$= (E_l^0 A_{nl}^{(1)} - E^0 A_{nl}^{(1)}) + \sum_{m=1}^{d} b_{nm} \int \psi_l^{0*} \hat{H}' \psi_m^0 d^3r - E_n^{(1)} \sum b_{nm} \delta_{ml}$$

如果 $l > d$，對於 $m \leq d$，$\delta_{ml} = 0$，則上式成為

$$-A_{nl}^{(1)} (E^0 - E_l^0) + \sum_{m=1}^{d} b_{nm} \int \psi_l^{0*} \hat{H}' \psi_m^0 d^3r = 0$$

或

$$A_{nl}^{(1)} = \frac{\sum_{m=1}^{d} b_{nm}}{E^0 - E_l^0} \int \psi_l^{0*} (\hat{H}') \psi_m^0 d^3r,\ l > d,\ n \leq d$$

對於 $l \leq d$，$A_{nl}^{(1)}$ 可由歸一化條件求得

$$\int \psi_n^* \psi_n d^3r = \int (\psi_n^{(0)*} + \lambda \psi_n^{(1)*})(\psi_n^{(0)} + \lambda \psi_n^{(1)}) d^3r$$

$$= 1 + \lambda \int (\psi_n^{(0)*} \psi_n^{(1)} + \psi_n^{(1)*} \psi_n^{(0)}) d^3r + 0(\lambda^2)$$

$$= 1 + \lambda \left(\sum_{l=1}^{d} b_{nl}^* A_{nl}^{(1)} + \sum_{l=1}^{d} b_{nl} A_{nl}^{(1)*} \right) \equiv 1$$

則要求

$$\sum_{l=1}^{d} b_{nl}{}^{*} A_{nl}^{(1)} + \sum_{l=1}^{d} b_{nl} A_{nl}^{(1)*} = 0$$

如選擇一種簡單解

$$A_{nm}^{(1)} = 0,\ m \le d,\ n \le d$$

則可寫成

$$\psi_n^{(1)} = \sum_{m>d} \frac{\sum_{l=1}^{d} b_{nl}}{E^0 - E_m^0} \left(\int \psi_m^{0*} (\hat{H}') \psi_l^0 \right) \psi_m^0,\ n \le d$$

利用此式則可得二階能量修正（練習）

3.3.3 時間相關微擾理論（time dependent perturbation theory）

時間相關微擾理論是解時間相關水丁格方程。

$$\hat{H}\Psi = i\hbar \frac{\partial \Psi}{\partial t}$$

其中漢密爾頓算符可分為二項

$$\hat{H} = \widehat{H_0} + \widehat{H}'$$

其中 $\widehat{H_0}$ 為未擾動（unperturbed）漢密爾頓算符而 $\widehat{H'}$ 為微擾作用（perturbation），如下式已解出

$$\widehat{H_0}\psi_n = E_n \psi_n$$

即解為

$$\Psi_n^0(q, t) = \psi_n(q) e^{\frac{-iE_n t}{\hbar}}$$

則令

$$\Psi_n(q, t) = \sum_n C_n(t) \Psi_n^0(q, t)$$

代入原水丁格方程得到

$$i\hbar\frac{dC_m}{dt}=\sum_n C_n\langle\Psi_m^0|\widehat{H}'|\Psi_n^0\rangle$$

令

$$C_m(t)=C_m^{(0)}(t)+\lambda C_m^{(1)}(t)+\lambda^2C_m^2(t)+...$$

其中λ為一展開參數，如假設 $\widehat{H}'$ 為λ一階大小，則對冪次齊次可得

$$i\hbar\frac{dC_m^{(0)}}{dt}=0$$

$$i\hbar\frac{dC_m^{(1)}}{dt}=\sum_n C_n^{(0)}\langle\Psi_m^0|\widehat{H}'|\Psi_n^0\rangle$$

$$i\hbar\frac{dC_m^{(2)}}{dt}=\sum_n C_n^{(1)}\langle\Psi_m^0|\widehat{H}'|\Psi_n^0\rangle$$

$$\vdots$$

起始條件為給定 $\Psi(q,0)$，即

$$\Psi(q,0)=\sum_n C_n(0)\Psi_n(q)=\psi_k(q)$$

則有

$$C_n(0)=\delta_{nk}=C_n^{(0)}+\lambda C_n^{(1)}(0)+\lambda^2C_n^2(0)+...$$

即

$$C_n^{(0)}(0)=\delta_{nk}$$

$$C_n^{(1)}(0)=C_n^{(2)}(0)=...=0$$

對於到λ零階項

$$C_m^{(0)}(t)=\text{常數}=C_m^{(0)}(0)=\delta_{mk}$$

如到λ一階項，則有

$$i\hbar\frac{dC_m^{(1)}}{dt}=\sum_n\delta_{nk}\langle\Psi_m^0|\widehat{H}'|\Psi_n^0\rangle=\langle\Psi_m^0|\widehat{H}'|\Psi_k^0\rangle$$

此式可解得

$$C_m^{(1)}(t) = -\frac{i}{\hbar}\int^t H'_{mk}\, e^{i\omega_{mk}t'}\, dt'$$

其中

$$H'_{mk} = \langle \Psi_m | \widehat{H}' | \Psi_k \rangle$$

及

$$\omega_{km} = \frac{1}{\hbar}(E_k - E_m)$$

如果 $\widehat{H}'$ 不顯含時間，則有

$$C_m^{(1)}(t) = -\frac{1}{\hbar}\frac{e^{i\omega_{mk}t} - 1}{\omega_{mk}} H'_{mk}$$

則到 λ 一階時躍遷機率為

$$p(t) = |C_m^{(1)}(t)|^2 = 4|H'_{mk}|^2 \frac{\sin^2 \frac{1}{2}\omega_{mk} t}{\hbar^2 \omega_{mk}^2} \equiv |H'_{mk}|^2 f(\omega_{mk})$$

利用長時間的假設（$t \to \infty$）（見圖 3.7），$f(\omega)$ 逼近一 δ 函數，則可得躍遷速率（即單位時間之躍遷機率）為

$$W(t) = \frac{p(t)}{t} = \frac{2\pi}{\hbar}|H'_{mk}|^2 \frac{1}{\hbar}\frac{2\sin^2 \frac{1}{2}\omega_{mk} t}{\pi \omega_{mk}^2 t}$$

$$\to \frac{2\pi}{\hbar}|H'_{mk}|^2 \frac{1}{\hbar}\delta(\omega_{mk}) = \frac{2\pi}{\hbar}|H'_{mk}|^2 \delta(E_m - E_k)$$

如果終態為連續態，則總躍遷速率為積分所有終態

$$W = \frac{2\pi}{\hbar}\int |H'_{mk}|^2 \rho(E_m)\delta(E_m - E_k) dE_m$$

$$= \frac{2\pi}{\hbar}|H'_{mk}|^2 \rho(E_k)$$

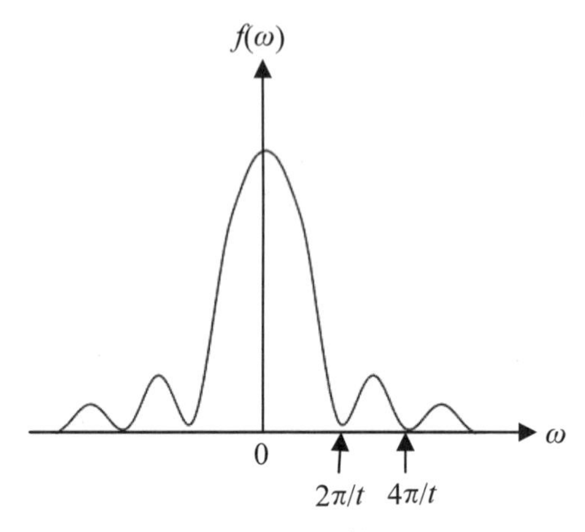

圖 3.7　$f(\omega)$ 函數

其中 $\rho(E_m)$ 為態密度（density of state），即能量值在 E_m 及 $E_m \pm dE_m$ 之間之能態數目，此稱為費米黃金律（Fermi Golden Rule）。

應用例　光致躍遷（light-induced transition）過程

利用偶極近似（dipole approximation），光和原子之作用漢密爾頓算符為

$$\widehat{H}' = -\overline{\mu} \cdot \overline{E_0} \cos \omega t$$

其中 $\overline{\mu}$ 是原子偶極矩（dipole moment）算符，而 $\overline{E_0}$ 為電場強度（electric field strength），ω 為頻率，由上述一階修正方程式得到

$$i\hbar \frac{dC_m^{(1)}}{dt} = -\overline{\mu_{mk}} \cdot \overline{E_0}\, e^{i\omega_{mk}t} \cos \omega t$$

則積分得

$$C_m^{(1)} = \overline{\mu_{mk}} \cdot \overline{E_0} \cdot \frac{1}{2\hbar} \left\{ \frac{e^{i(\omega_{mk}+\omega)t} - 1}{\omega_{mk} + \omega} + \frac{e^{i(\omega_{mk}-\omega)t} - 1}{\omega_{mk} - \omega} \right\}$$

注意在所謂共振（resonance）例子中，$\omega \sim \omega_{mk}$，則括弧中第一項可忽略（此即轉動波近似（rotating wave approximation, RWA）），則得到（$t \to \infty$）

$$p(t)=\frac{|\overrightarrow{\mu_{mk}}\cdot\overrightarrow{E_0}|^2}{2\hbar^2}\frac{1-\cos(\omega_{mk}-\omega)t}{(\omega_{mk}-\omega)^2}$$

$$\rightarrow\pi t\delta(\omega_{mk}-\omega)\frac{|\overrightarrow{\mu_{mk}}\cdot\overrightarrow{E_0}|^2}{2\hbar^2}$$

$$W=\frac{\pi}{2\hbar^2}|\overline{\mu_{mk}}\cdot\overline{E_0}|^2\delta(\omega_{mk}-\omega)$$

此即一般用來表示化學動態方程式中的速率常數。如應用在光譜上即為吸收或放射光譜之理論基礎。

另有一種所謂作用表象（interaction picture）的處理法，即

$$i\hbar\frac{\partial}{\partial t}|\psi(t)\rangle_I=\hat{V}_I|\psi(t)\rangle_I$$

$$\frac{d}{dt}\hat{A}_I=\frac{1}{i\hbar}[\hat{A}_I,\hat{H}_0]$$

作用表象波函數和算符和原水丁格表象中的對應關係為

$$\hat{H}=\hat{H}_0+\hat{V}$$

$$|\psi(t)\rangle_I=e^{i\hat{H}_0t/\hbar}|\psi(t)\rangle$$

$$\hat{V}_I(t')=e^{iH_0t'/\hbar}\hat{V}e^{-iH_0t'/\hbar}$$

如今

$$|\psi(t)\rangle_I=\hat{U}_I(t)|\psi(t_0)\rangle_I$$

則得

$$i\hbar\frac{\partial}{\partial t}\hat{U}_I(t)=\hat{V}_I\hat{U}_I$$

形式上可得

$$\hat{U}_I(t)=1+\frac{1}{i\hbar}\int_{t_0}^{t}\hat{V}_I(t')\hat{U}_I(t')\,dt'$$

$$= 1 + \frac{1}{i\hbar}\int_{t_0}^{t} dt'\hat{V}_I(t') + \left(\frac{1}{i\hbar}\right)^2 \int_{t_0}^{t} dt' \int_{t_0}^{t'} dt''\hat{V}_I(t')\hat{V}_I(t'') + \dots$$

$$+ \left(\frac{1}{i\hbar}\right)^n \int_{t_0}^{t} dt' \int_{t_0}^{t'} dt'' \cdots \int_{t_0}^{t^{(n-1)}} dt^n \hat{V}_I(t') \dots \hat{V}_I(t^{(n)}) + \dots$$

即戴森（Dyson）級數

另一形式解為

$$\hat{U}_I(t) = e^{\frac{1}{i\hbar}\int_{t_0}^{t}\hat{V}_I(t')dt'}$$

則利用 $\hat{H}' = \hat{V}$

$$\hat{V}_I(t') = e^{iH_0 t'/\hbar}\hat{V}e^{-iH_0 t'/\hbar} = \sum_{n=0}^{\infty}\frac{1}{n!}(L^n\hat{V})\left(\frac{it'}{\hbar}\right)^n$$

其中

$$L^0\hat{V} = \hat{V}$$
$$L^1\hat{V} = [\hat{H}_0, \hat{V}]$$
$$L^2\hat{V} = [\hat{H}_0, [\hat{H}_0, \hat{V}]]$$

可得

$$\hat{U}_I(t) = e^{\frac{1}{i\hbar}\sum_{n=0}^{\infty}\frac{1}{(n+1)!}(L^n\hat{V})\left(\frac{i}{\hbar}\right)^n t^{n+1}}$$

或展開式

$$|\psi(t)\rangle_I = e^{i\hat{H}_0 t/\hbar}\sum_m C_m(t)e^{-iE_m t/\hbar}|\phi_m\rangle$$

並設

$$|\psi(t_0)\rangle = |\phi_i\rangle$$

則

$$C_n(t) = \langle\phi_n|\hat{U}_I(t)|\phi_i\rangle = C_n^{(0)} + C_n^{(1)} + \dots$$

而得到

$$C_n^{(0)}(t)=\delta_{ni}$$

$$C_n^{(1)}(t)=\frac{1}{i\hbar}\int_{t_0}^{t}dt'\,e^{i\omega_{ni}t'}V_{ni}(t')$$

$$\vdots$$

此亦形成一展開級數。可以証明等價於戴森級數（練習）。

應用例　粒子在電磁場中運動

由動力學方程式得一質量 m_e 帶 $(-e)$ 電荷粒子在電場 $\vec{E}$ 及磁場 $\vec{B}$ 之運動為

$$m_e\frac{d^2\vec{r}}{dt^2}=(-e)\left[\vec{E}+\frac{1}{c}\vec{v}\times\vec{B}\right]$$

如利用

$$\vec{E}=-\nabla\phi-\frac{1}{c}\frac{\partial\vec{A}}{\partial t}$$

$$\vec{B}=\nabla\times\vec{A}$$

可以推得漢密爾頓算符為

$$\hat{H}=\frac{1}{2m_e}\left(\vec{p}+\frac{e}{c}\vec{A}\right)^2-e\phi$$

此處中為 ϕ 純量電位（scalar electric potential）而 $\vec{A}$ 為向量磁位（vector magnetic potential），水丁格方程為

$$\frac{1}{2m_e}\left(\frac{\hbar}{i}\nabla+\frac{e}{c}\vec{A}\right)^2\psi=(E+e\phi)\psi$$

或

$$-\frac{\hbar^2}{2m_e}\nabla^2\psi-\frac{i\hbar e}{m_ec}\vec{A}\cdot\nabla\psi+\frac{e^2}{2m_ec^2}\vec{A}\cdot\vec{A}\psi=(E+e\phi)\psi$$

其中 $-\frac{i\hbar e}{m_ec}\vec{A}\cdot\nabla$ 這一項可改寫如下：如果 $\vec{A}=-\frac{1}{2}\vec{r}\times\vec{B}$ 而 $\vec{B}$ 為常磁場

（constant magnetic field），則

$$\nabla \times \vec{A} = -\frac{1}{2}\nabla \times (\vec{r} \times \vec{B})$$

$$= -\frac{1}{2}[(\vec{B} \cdot \nabla)\vec{r} - (\nabla \cdot \vec{r})\vec{B}]$$

$$= -\frac{1}{2}[-\vec{B} - \vec{B}]$$

$$= \vec{B}$$

即得

$$-\frac{i\hbar e}{m_e c}\vec{A} \cdot \nabla\psi = \frac{1}{2}\frac{i\hbar e}{m_e c}(\vec{r} \times \vec{B}) \cdot \nabla\psi$$

$$= \frac{e}{2m_e c}\vec{B} \cdot \vec{r} \times \vec{p}\psi$$

$$= \frac{e}{2m_e c}\vec{B} \cdot \vec{L}\psi$$

其中 $\vec{L}$ 為角動量，同法可改寫第三項

$$\frac{e^2}{2m_e c^2}\vec{A} \cdot \vec{A}\psi$$

$$= \frac{e^2}{8\,m_e c^2}(\vec{r} \times \vec{B})^2\psi$$

$$= \frac{e^2}{8\,m_e c^2}(r^2B^2 - (\vec{r} \cdot \vec{B})^2)\psi$$

$$= \frac{e^2B^2}{8\,m_e c^2}(x^2 + y^2)\psi$$

估計 $L \sim \hbar, x^2 + y^2 \sim {a_0}^2$，$a_0$ 為迴轉半徑，比較一下各項的大小

$$\frac{\text{第三項}}{\text{第二項}} = \frac{B}{9 \times 10^9\,Gauss}, \quad B \leq 10^4\,Gauss$$

$$\frac{\text{第二項}}{e\phi} = \frac{B}{5 \times 10^9\,Gauss}$$

則可略去第三項而以第二項為微擾，令

$$\widehat{H}_0 = -\frac{\hbar^2}{2m_e}\nabla^2 - e\phi$$

及取 $\vec{B}$ 為 z 方向

$$\widehat{H}_1 = \frac{eB}{2m_e c}L_z \equiv \omega_L L_z$$

其中 ω_L 為拉莫（Larmor）頻率，對似氫原子有特徵值解

$$H_0 u_{nlm} = E_0 u_{nlm}$$

其中 α 為精細結構常數其能量為（見附錄四）

$$E_0 = -\frac{m_e c^2}{2}\frac{(Z\alpha)^2}{n^2}$$

則得

$$H_1 u_{nlm} = \omega_L L_z u_{nlm} = m\hbar\omega_L u_{nlm}$$

則有

$$E_1 = m\hbar\omega_L$$

$$E = E_0 + E_1$$

能階差為

$$\begin{aligned}
\Delta E = \hbar\omega_L = \frac{\hbar eB}{2m_e c^2} &= \frac{\hbar e}{2m_e c^2}\left(\frac{B}{e/a_0^2}\right)\left(\frac{e}{a_0^2}\right) \\
&= \frac{\hbar e^2}{2m_e c^2}\left(\frac{m_e c\alpha}{\hbar}\right)^2\left(\frac{B}{e/a_0^2}\right) \\
&= \left(\frac{1}{2}\alpha^2 m_e c^2\right)\alpha\left(\frac{B}{e/a_0^2}\right) \\
&= \frac{B}{2.4 \times 10^9\,(Gauss)} \times 13.6\,eV
\end{aligned}$$

如 $\phi = 0$，即自由粒子和磁場作用，水丁格方程為

$$-\frac{\hbar^2}{2m_e}\nabla^2\psi+\frac{eB}{2m_ec}L_z\psi+\frac{e^2B^2}{8m_ec^2}(x^2+y^2)\psi=E\psi$$

利用柱狀坐標（cylindrical coordinates）（ρ, φ, z）

$$\nabla^2=\frac{\partial^2}{\partial\rho^2}+\frac{1}{\rho}\frac{\partial}{\partial\rho}+\frac{1}{\rho^2}\frac{\partial^2}{\partial\varphi^2}+\frac{\partial^2}{\partial z^2}$$

$$x^2+y^2=\rho^2$$

$$L_z=\frac{\hbar}{i}\frac{\partial}{\partial\varphi}$$

試下解

$$\psi=u_m(\rho)e^{im\varphi}e^{ikz}$$

得

$$\frac{\partial^2u}{\partial\rho^2}+\frac{1}{\rho}\frac{du}{d\rho}-\frac{m^2}{\rho^2}u-\frac{e^2B^2}{4\hbar^2c^2}\rho^2u$$

$$+\left(\frac{2m_eE}{\hbar^2}-\frac{eB\hbar m}{\hbar^2c}-k^2\right)u=0$$

令

$$x=\sqrt{\frac{eB}{2\hbar c}}\rho$$

即得

$$\frac{d^2u}{dx^2}+\frac{1}{x}\frac{du}{dx}-\frac{m^2}{x^2}u-x^2u+\lambda u=0$$

其中定義

$$\lambda=\left(\frac{2\hbar c}{eB}\right)\left(\frac{2m_e}{\hbar^2}\right)\left(E-\frac{\hbar^2k^2}{2m_e}\right)-2m$$

如考慮 $x\to\infty$，方程式為

$$\frac{d^2u}{dx^2}-x^2u=0$$

即有

$$u\sim e^{-\frac{1}{2}x^2}$$

如考慮 $x\to\infty$，方程式為

$$\frac{d^2u}{dx^2}+\frac{1}{x}\frac{du}{dx}-\frac{m^2}{x^2}u=0$$

即有

$$u\sim x^{|m|}$$

則令

$$u=x^{|m|}e^{-\frac{1}{2}x^2}G(x)$$

及

$$y=x^2$$

代入可得其解為

$$E=\frac{\hbar^2k^2}{2m_e}+\frac{eB\hbar}{2m_ec}(2n_r+1+|m|+m),\ n_r=0,1,2,...$$

$$G(y)=L_{n_r}^{|m|}(y)$$

其中為 $L_n^{|m|}(y)$ 連結拉蓋耳（Laguerre）多項式

應用例　絕熱近似於時間相關微擾法

$$\hat{H}(t)\psi_n(q,t)=E_n(t)\psi_n(q,t)$$

如此方程式對一固定時間 t 已解得而有

$$\langle\psi_m|\psi_n\rangle=\int\psi_m^*\psi_n\,dq=\delta_{mn}$$

亦即$\{\psi_n\}$形成一正交歸一化，則展開波函數為

$$\psi(q,t)=\sum_n a_n(t)\,\psi_n(q,t)\,e^{-\frac{i}{\hbar}\int_0^t dt' E_n(t')}$$

代入水丁格方程式

$$\hat{H}(t)\,\psi=i\hbar\frac{\partial\psi}{\partial t}$$

得

$$\sum_n\left\{\frac{da_n}{dt}\psi_n+a_n\frac{\partial\psi_n}{\partial t}\right\}e^{-\frac{i}{\hbar}\int_0^t dt' E_n(t')}=0$$

利用正交歸一性得

$$\frac{da_m}{dt}=-\sum_n a_n\left\langle\psi_m\middle|\frac{\partial\psi_n}{\partial t}\right\rangle e^{\frac{i}{\hbar}\int_0^t dt'(E_m(t')-E_n(t'))}$$

而有

$$\left\langle\psi_m\middle|\frac{\partial\hat{H}}{\partial t}\middle|\psi_n\right\rangle+E_m\left\langle\psi_m\middle|\frac{\partial\psi_n}{\partial t}\right\rangle=\frac{\partial E_n}{\partial t}\delta_{mn}+E_n\left\langle\psi_m\middle|\frac{\partial\psi_n}{\partial t}\right\rangle$$

如$m=n$

$$\left\langle\psi_m\middle|\frac{\partial\hat{H}}{\partial t}\middle|\psi_n\right\rangle=\frac{\partial E_n}{\partial t}$$

或

$$E_n=E_n(0)+\int_0^t dt'\left\langle\psi_n\middle|\frac{\partial\hat{H}}{\partial t}\middle|\psi_n\right\rangle$$

如$m\neq n$，則有

$$\left\langle\psi_m\middle|\frac{\partial\psi_n}{\partial t}\right\rangle=\frac{\left\langle\psi_m\middle|\frac{\partial\hat{H}}{\partial t}\middle|\psi_n\right\rangle}{E_n-E_m}$$

利用此二式則有

$$\frac{da_m}{dt}=-a_m\left\langle \psi_m \left| \frac{\partial \psi_m}{\partial t} \right. \right\rangle + \sum_n{}' a_n \frac{\left\langle \psi_m \left| \frac{\partial \hat{H}}{\partial t} \right| \psi_n \right\rangle}{E_m - E_n} \times e^{\frac{i}{\hbar}\int_0^t dt'(E_m(t')-E_n(t'))}$$

此時如 $\left|\left\langle \psi_m \left| \frac{\partial \hat{H}}{\partial t} \right| \psi_n \right\rangle\right| \ll |E_m - E_n|$ ，即絕熱近似，則可只保留起始態而其他可從求和中移去，如果起始態 $a_l = 1$，則

$$\frac{da_m}{dt}\approx -a_m\left\langle \psi_m \left| \frac{\partial \psi_m}{\partial t} \right. \right\rangle + \frac{\left\langle \psi_m \left| \frac{\partial \hat{H}}{\partial t} \right| \psi_n \right\rangle}{E_m - E_l} \times e^{\frac{i}{\hbar}\int_0^t dt'(E_m(t')-E_n(t'))}$$

此方程式可直接積分得解

3.4 變分法

變分法（variation method）是用來求取泛函（functional, generalized function）極值（extreme value）的方法，類似於微分法求取函數的極值。首先我們複習一下後者。如欲變動長方形邊長 x 和 y，但保持周長 ℓ 為常數，而欲求面積 A 為極大值（圖 3.8），則一般做法為

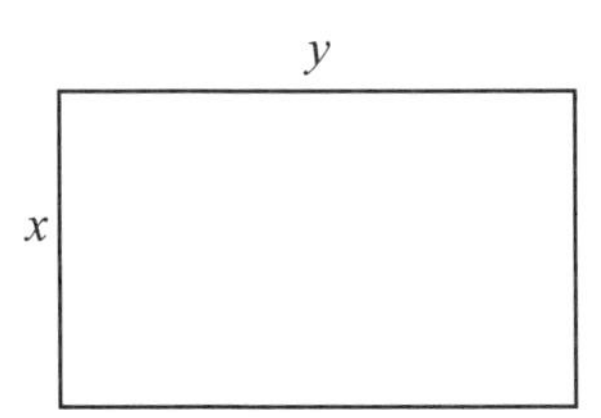

圖 3.8　變動周長使長方形面積最大

$$2(x+y)=l$$
$$A(x)=xy=x\left(\frac{l}{2}-x\right)$$
$$\frac{dA}{dx}(x=x_m)=\frac{l}{2}-2x_m=0$$

則得

$$x_m=\frac{l}{4}$$
$$y_m=\frac{l}{2}-x_m=\frac{l}{4}=x_m$$

此法視 A 為 x 之單變數函數（因為限制條件可解得 x 和 y 的關係），則利用微分法可得極值。另有一法利用拉格朗吉不定乘子法（Lagrange's undetermined multiplier）即定義一個新函數

$$A'\equiv A+\lambda\left(x+y-\frac{l}{2}\right)=A'(x,y)$$

此時 A' 為 x 和 y 的雙變數函數，限制條件已包含於此定義中，則獨立微分為

$$\frac{\partial A'}{\partial x}=y+\lambda=0$$
$$\frac{\partial A'}{\partial y}=x+\lambda=0$$

而得

$$y=-\lambda=x$$
$$x=y=\frac{l}{4}$$

結果和第一法所得相同。

上面這個例子是求函數的極值，有一種數學問題是求泛函的極值，如下：如固定一繩的周長，求其圍出的一平面形狀使其面積最大。亦即（如圖

3.9），求取一函數 $y(x)$ 使其圍出的面積最大。注意到面積可表為

$$A[y(x)] = \int_{x_1}^{x_2} y(x)\,dx$$

此即一泛函（即以函數為變數之函數），由於有固定周長的限制，即

$$\int_{x_1}^{x_2} \sqrt{1+(y')^2}\,dx = l = \text{常數}$$

為一常數，則令一新泛函

$$A' \equiv A + \lambda\left(\int_{x_1}^{x_2} \sqrt{1+(y')^2}\,dx - l\right)$$

其中 λ 為拉格朗吉乘子。則 A' 極值發生時有下列歐拉－拉格朗吉方程

$$f = f(y, y') = y + \lambda\sqrt{1+(y')^2}$$

$$\frac{\partial f}{\partial y} = 1 \quad \frac{\partial f}{\partial y'} = \frac{\lambda y'}{\sqrt{1+(y')^2}}$$

$$\frac{d}{dx}\left(\frac{\lambda y'}{\sqrt{1+(y')^2}}\right) = 1$$

即解出

$$x^2 + y^2 = \lambda^2$$

此為圓的方程式，而 λ 即為圓半徑。

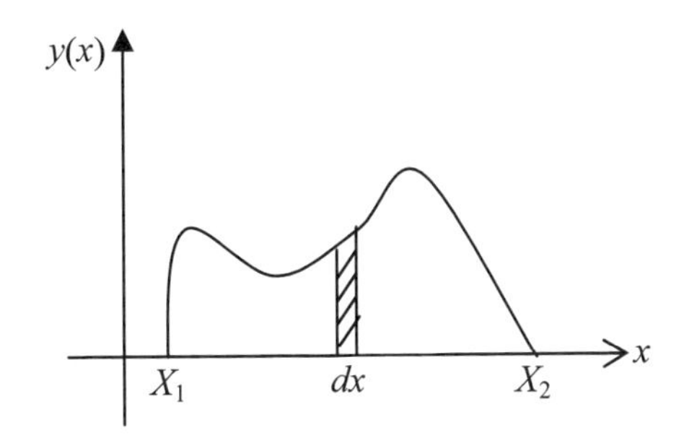

圖 3.9　固定周長求一形狀圍出最大面積

所以由上例看出變分法可以用來求泛函的極值。現在回到量子力學，我們要証明一個重要定理，即

定理：如 ψ 是一個歸一化的函數，則物理系統之基態能量 E_g 有下列不等式

$$E_g \leq \langle \psi|\hat{\mathrm{H}}|\psi \rangle$$

其中 $\hat{H}$ 為漢密爾頓算符，而其等號發生在 ψ 為系統基態波函數時。

証明：如

$$\hat{\mathrm{H}}\phi_n = E_n \phi_n$$

且$\{\phi_n\}$為一完整正交集基底，則

$$\psi = \sum_n a_n \phi_n$$

$$\langle \phi_n|\phi_n \rangle = \delta_{mn}$$

因為 ψ 為歸一化

$$\langle \psi|\psi \rangle = \sum_n |a_n|^2 = 1$$

則有

$$\begin{aligned}
\langle \psi|\hat{\mathrm{H}}|\psi \rangle &= \sum_m \sum_n a_m^* a_n E_n \langle \psi_m|\psi_n \rangle \\
&= \sum_n |a_n|^2 E_n \\
&\geq \sum_n |a_n|^2 E_g \\
&= E_g \sum_n |a_n|^2 \\
&= E_g
\end{aligned}$$

即得証。

事實上，我們還能由變分法導出水丁格方程式，即令

$$E[\psi] = \int \psi^* \hat{H} \psi \, dx$$

而有歸一化條件

$$\int \psi^* \psi \, dx = 1$$

則利用拉格朗吉乘子得

$$\delta E = \int [\delta\psi^* (\hat{H}\psi - \lambda\psi) + (\psi^* \hat{H} - \lambda\psi^*) \delta\psi] \, dx$$

$$\hat{H}\psi = \lambda\psi$$

此即水丁格方程，而λ即為能量值。

由於上述定理可知，如選擇適當的試探函數（trial function）ψ，計算$\langle\psi|\hat{H}|\psi\rangle$，則可得波函數試解及基態能量之上限（upper bound），如重複此程序，則可降低此上限值而逼近真正基態。下面用例題說明如何使用變分法求解。

應用例　箱中粒子

如設

$$\psi(x) = ax^2 + bx + c$$

並要求

$$\psi(0) = c = 0$$

$$\psi(l) = al^2 + bl = 0$$

則得

$$b = -la$$

$$\psi(x) = a(x^2 - lx)$$

$$\langle \mathrm{H} \rangle = \frac{\int_0^l \psi^* \left(-\frac{\hbar^2}{2m}\frac{d^2}{dx^2}\right)\psi\, dx}{\int_0^l \psi^* \psi\, dx} = \frac{5\hbar^2}{ml^2}$$

$$\text{正解} = \frac{h^2}{8ml^2} = \frac{\pi\hbar^2}{2ml^2} < \frac{5\hbar^2}{ml^2}$$

左邊為正解而右邊為試解，由變分法知試解必大於正解

應用例　簡諧振子

如設

$$\psi(x) = Ae^{-Bx^2}$$

則

$$\langle \mathrm{H} \rangle = \frac{\hbar^2 B}{2m} + \frac{k}{8B}$$

要求

$$\frac{\partial \langle \mathrm{H} \rangle}{\partial B} = 0$$

則得

$$B = \frac{1}{2}\frac{\sqrt{mk}}{\hbar} = \frac{1}{2}\beta$$

而有試解

$$\langle \mathrm{H} \rangle_0 = \frac{1}{2}\hbar\omega$$

有趣的是此試解恰好為正解

應用例　H_2^+（圖 3.10）

如設 $\phi = c_1\psi_1 + c_2\psi_2$，即所謂 LCAO-MO 法，其中原子軌域（atomic-

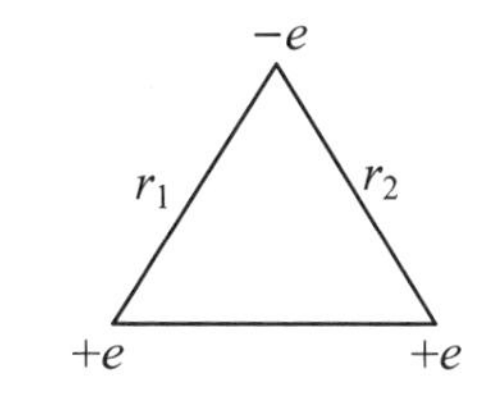

圖 3.10　氫分子離子 H_+^2

orbital）為

$$\psi_1 = \sqrt{\frac{1}{\pi a_0^3}}\, e^{-\frac{r_1}{a_0}}$$

$$\psi_2 = \sqrt{\frac{1}{\pi a_0^3}}\, e^{-\frac{r_2}{a_0}}$$

如計算能量泛函

$$W(c_1, c_2) = \frac{\langle \phi | \mathrm{H} | \phi \rangle}{\langle \phi | \phi \rangle} = \frac{c_1^2 H_{11} + c_2^2 H_{22} + 2 c_1 c_2 H_{12}}{c_1^2 + c_2^2 + 2 c_1 c_2 S_{12}}$$

其中

$$\begin{cases} H_{11} = \langle \psi_1 | \hat{\mathrm{H}} | \psi_1 \rangle \\ H_{22} = \langle \psi_2 | \hat{\mathrm{H}} | \psi_2 \rangle \\ H_{12} = \langle \psi_1 | \hat{\mathrm{H}} | \psi_2 \rangle \\ S_{12} = \langle \psi_1 | \psi_2 \rangle \end{cases}$$

或

$$(c_1^2 + c_2^2 + 2c_1c_2S_{12})W = c_1^2H_{11} + c_2^2H_{22} + 2c_1c_2H_{12}$$

分別對 c_1 和 c_2 求極值

$$\begin{cases} \dfrac{\partial W}{\partial c_1} = 0 \\ \dfrac{\partial W}{\partial c_2} = 0 \end{cases}$$

則得

$$\begin{cases}(H_{11}-W)c_1+c_2(H_{12}-S_{12}W)=0\\(H_{12}-S_{12}W)c_1+(H_{22}-W)c_2=0\end{cases}$$

c_1 和 c_2 不全為零之條件為

$$\begin{vmatrix}H_{11}-W & H_{12}-S_{12}W\\H_{12}-S_{12}W & H_{22}-W\end{vmatrix}=0$$

對 H_2^+ 而言，$H_{11}=H_{22}$，即有

$$W_+=\frac{H_{11}+H_{12}}{1+S_{12}}$$

$$W_-=\frac{H_{11}-H_{12}}{1-S_{12}}$$

對 W_+ 之解

$$(H_{11}-W_+)c_1+(H_{12}-S_{12}W_+)c_2=0$$

$$\frac{c_1}{c_2}=\frac{-(H_{12}-S_{12}W_+)}{(H_{11}-W_+)}=1$$

則得

$$c_2=c_1$$

由歸一化條件

$$\langle\phi^+|\phi^+\rangle=1$$

$$c_1=\frac{1}{\sqrt{2+2S_{12}}}$$

$$\phi^+=\frac{\psi_1+\psi_2}{\sqrt{2+2S_{12}}}$$

此即鍵結態（bonding）解。相似地，對 W_- 之解為

$$W_- = \frac{H_{11} - H_{12}}{1 - S_{12}}$$

$$\phi^- = \frac{\psi_1 - \psi_2}{\sqrt{2 - 2S_{12}}}$$

此即反鍵結（anti-bonding）態解（圖 3.11）。此法之推廣即成分子軌道（molecular orbital theory）理論。

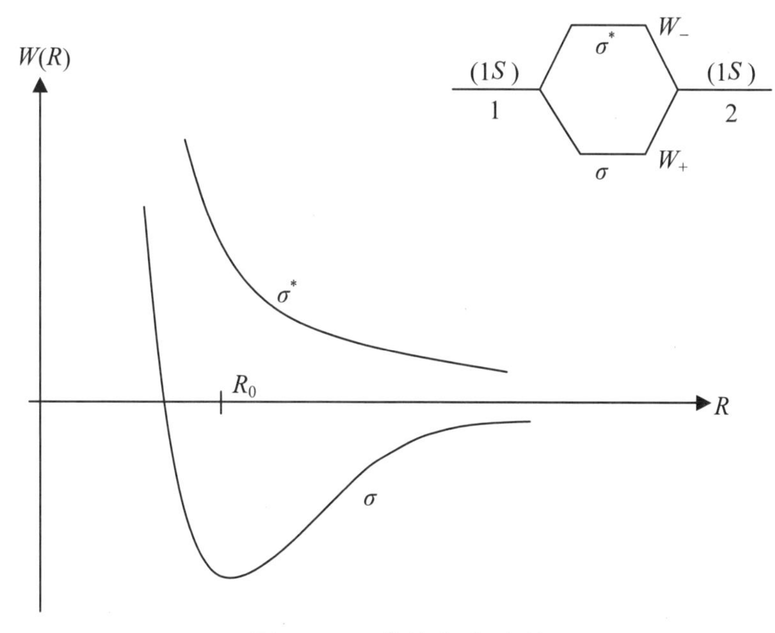

圖 3.11 H_+^2 的位能曲線

3.5 算符法

我們用簡諧振子的例子來說明算符法，漢密爾頓算符為

$$\hat{H} = \frac{\hat{p}^2}{2m} + \frac{1}{2}m\omega^2x^2 = \frac{1}{2}\hbar\omega + \omega\hat{A}^+\hat{A}$$

其中定義

$$\hat{A}=\sqrt{\frac{m\omega}{2}}x+i\frac{\hat{p}}{\sqrt{2m\omega}}$$

$$\hat{A}^{+}=\sqrt{\frac{m\omega}{2}}x-i\frac{\hat{p}}{\sqrt{2m\omega}}$$

則得下列對易關係

$$\begin{cases}[\hat{A},\hat{A}^{+}]=\hbar\\ [\hat{H},\hat{A}^{+}]=-\hbar\omega\hat{A}\\ [\hat{H},\hat{A}]=+\hbar\omega\hat{A}^{+}\end{cases}$$

及

$$\begin{cases}\hat{A}^{+}\psi_n=\sqrt{(n+1)\hbar}\,\psi_{n+1}\\ \hat{A}\psi_n=\sqrt{n\hbar}\,\psi_{n-1}\end{cases}$$

則有

$$\hat{H}\psi_n=\left(n+\frac{1}{2}\right)\hbar\omega\,\psi_n$$

$$\psi_n=\frac{1}{\sqrt{n!\,\hbar^n}}(\hat{A}^{+})^n\psi_0$$

其中基態解為

$$\hat{A}\psi_0=0$$

$$\psi_0=\left(\frac{m\omega}{\hbar\pi}\right)^{\frac{1}{4}}e^{\frac{-m\omega x^2}{2\hbar}}$$

應用例　處理角動量耦合問題

角動量滿足下列對易關係

$$[\widehat{J_\alpha}, \widehat{J_\beta}] = i\hbar\varepsilon_{\alpha\beta\gamma}\widehat{J_\gamma}$$

其中 $\varepsilon_{\alpha\beta\gamma}$ 是 Levi-Civita 符號且 $\alpha, \beta, \gamma = x, y, z$，如定義

$$\widehat{J}^2 \equiv \widehat{J_x}^2 + \widehat{J_y}^2 + \widehat{J_z}^2$$

$$\widehat{J_+} \equiv \widehat{J_x} + i\widehat{J_y}$$

$$\widehat{J_-} \equiv \widehat{J_x} - i\widehat{J_y}$$

則有

$$[\widehat{J}^2, \widehat{J_\alpha}] = 0$$

$$[\widehat{J_z}, \widehat{J_+}] = \hbar\widehat{J_+}$$

$$[\widehat{J_z}, \widehat{J_-}] = -\hbar\widehat{J_-}$$

$$[\widehat{J_+}, \widehat{J_-}] = 2\hbar\widehat{J_z}$$

$$\widehat{J_+}\widehat{J_-} = \widehat{J}^2 - \widehat{J_z}^2 + \hbar\widehat{J_z}$$

$$\widehat{J_-}\widehat{J_+} = \widehat{J}^2 - \widehat{J_z}^2 - \hbar\widehat{J_z}$$

而可得到下列普遍結果

$$\widehat{J}^2 | jm \rangle = \hbar^2 j(j+1) | jm \rangle$$

$$\widehat{J_z} | jm \rangle = \hbar m | jm \rangle$$

$$j = \begin{cases} 0, 1, 2, \ldots \\ \frac{1}{2}, \frac{3}{2}, \frac{5}{2}, \ldots \end{cases}$$

$$m = -j, -j+1, \ldots, j-1, j$$

$$\widehat{J_+} | jm \rangle = \hbar\sqrt{(j-m)(j+m+1)} | jm+1 \rangle$$

$$\widehat{J_-} | jm \rangle = \hbar\sqrt{(j+m)(j-m+1)} | jm-1 \rangle$$

若有 J_1 和 J_2 兩角動量加成，則

$$[\hat{J}_{1\alpha}, \hat{J}_{2\beta}] = 0$$

$$\widehat{J_1}^2 | j_1 m_1 \rangle = \hbar^2 j_1 (j_1 + 1) | j_1 m_1 \rangle$$

$$\widehat{J_{1z}} | j_1 m_1 \rangle = \hbar m_1 | j_1 m_1 \rangle$$

$$\widehat{J_2}^2 | j_2 m_2 \rangle = \hbar^2 j_2 (j_2 + 1) | j_2 m_2 \rangle$$

$$\widehat{J_{2z}} | j_2 m_2 \rangle = \hbar m_2 | j_2 m_2 \rangle$$

定義

$$\hat{J} \equiv \hat{J}_1 + \hat{J}_2$$

則得到

$$[\hat{J}^2, \widehat{J_1}^2] = 0$$

$$[\hat{J}^2, \widehat{J_2}^2] = 0$$

$$[\hat{J}^2, \widehat{J_\alpha}^2] = 0$$

因此可以有非耦合（uncoupled）和耦合（coupled）兩種表示法，

$$|j_1\, m_1\, j_2\, m_2 \rangle \quad 及 \quad |j_1\, j_2\, jm \rangle \equiv |jm \rangle$$

分別對應兩群共同對易算符（common commutable operators）

$$\{\widehat{J_1}^2\ \widehat{J_{1z}}\ \widehat{J_2}^2\ \widehat{J_{2z}}\} \quad 及 \quad \{\widehat{J_1}^2\ \widehat{J_2}^2\ \widehat{J}^2\ \widehat{J_z}\}$$

這兩種表示法可透過轉換式相關聯

$$|jm \rangle = \sum_{m_1 m_2} |j_1\, m_1\, j_2\, m_2 \rangle \langle\, j_1\, m_1\, j_2\, m_2 | jm \rangle$$

此處 $\langle\, j_1 m_1 j_2 m_2 |\, jm \rangle$ 稱為 Clebsch-Gordon（C-G）係數，因為除了 $m_1 + m_2 = m$ 以外 $\langle\, j_1 m_1 j_2 m_2 |\, jm \rangle = 0$ 所以

$$|jm \rangle = \sum_{m_1} |j_1\, m_1\, j_2 m - m_1 \rangle \langle\, j_1\, m_1\, j_2 m - m_1 | jm \rangle$$

j 可取為

$$j = j_1 + j_2, j_1 + j_2 - 1, ..., |j_1 - j_2|$$

下列兩個關於 C-G 係數有用的性質

(a) $\langle jm | j_1 m_1 j_2 m_2 \rangle$ 總可以取為實數

(b)有下列正交關係

$$\sum_{m_j} \langle j_1 m_1\ j_2 m_2 | jm \rangle \langle j_1 m_1\ j_2 m_2 | j'm \rangle = \delta_{j'j}$$

$$\sum_{j} \langle j_1 m_1\ j_2 m_2 | jm \rangle \langle j_1 m_1'\ j_2 m_2' | jm' \rangle = \delta_{m_1 m_1'} \delta_{mm'}$$

$$\sum_{jm} \langle j_1 m_1\ j_2 m_2 | jm \rangle \langle j_1 m_1'\ j_2 m_2' | jm \rangle = \delta_{m_1 m_1'} \delta_{m_2 m_2'}$$

$$\sum_{m_1 m_2} \langle j_1 m_1\ j_2 m_2 | jm \rangle \langle j_1 m_1\ j_2 m_2 | j'm' \rangle = \delta_{jj'} \delta_{mm'}$$

應用例　軌道角動量

根據定義

$$\vec{l} = \vec{r} \times \vec{p} = l_x \hat{x} + l_y \hat{y} + l_z \hat{z}$$

有下列關係

$$l_x = yp_z - zp_y$$
$$l_y = zp_x - xp_z$$
$$l_z = xp_y - yp_x$$

可以証明

$$[l_x, l_y] = i\hbar l_z \quad , \quad [l_x, l_z] = [l_x, l_x] = 0$$
$$[l_y, l_z] = i\hbar l_x \quad , \quad [l_y, l_x] = [l_y, l_y] = 0$$
$$[l_z, l_x] = i\hbar l_y \quad , \quad [l_z, l_y] = [l_z, l_z] = 0$$

即滿足角動量對易關係，定義

$$l^2 = l_x^2 + l_y^2 + l_z^2$$
$$l_\pm = l_x \pm i l_y$$

則得

$$
\begin{aligned}
&[l^2, l_x] = [l^2, l_y] = [l^2, l_z] = 0 \\
&[l_+, l_-] = 2\hbar l_z \\
&[l_\pm, l_z] = \mp \hbar l_\pm \\
&[l^2, l_\pm] = 0 \\
&l^2 = l_z{}^2 + l_+ l_- - \hbar l_z = l_z{}^2 + l_- l_+ + \hbar l_z \\
&l_{\pm 1} = \mp \frac{1}{\sqrt{2}} (l_x \mp i l_y) \quad l_0 = l_z \\
&[l_{+1}, l_{-1}] = \hbar l_0 \\
&[l_{\pm 1}, l_0] = \mp \hbar l_{\pm 1} \\
&[l^2, l_{\pm 1}] = [l^2, l_0] = 0
\end{aligned}
$$

利用球形坐標 (r, θ, ϕ) 可以寫成

$$
\begin{aligned}
&l_x = i\hbar \left(\sin\phi \frac{\partial}{\partial\theta} + \cot\theta \cos\phi \frac{\partial}{\partial\phi} \right) \\
&l_y = i\hbar \left(-\cos\phi \frac{\partial}{\partial\theta} + \cot\theta \sin\phi \frac{\partial}{\partial\phi} \right) \\
&l_z = -i\hbar \frac{\partial}{\partial\phi} \\
&l_\pm = \hbar e^{\pm i\phi} \left(\pm \frac{\partial}{\partial\theta} + i \cot\theta \frac{\partial}{\partial\phi} \right) \\
&l^2 = -\hbar^2 \left(\frac{1}{\sin\theta} \frac{\partial}{\partial\theta} \left(\sin\theta \frac{\partial}{\partial\theta} \right) + \frac{1}{\sin^2\theta} \frac{\partial^2}{\partial\phi^2} \right)
\end{aligned}
$$

可以証明

$$
\begin{aligned}
&l^2 Y_{lm} = l(l+1)\hbar^2 Y_{lm} \\
&l_z Y_{lm} = m\hbar Y_{lm} \\
&l_\pm Y_{lm} = \hbar \sqrt{l(l+1) - m(m \pm 1)}\, Y_{lm\pm 1} = \hbar \sqrt{(l \mp m)(l \pm m + 1)}\, Y_{lm\pm 1}
\end{aligned}
$$

即

$$\langle \hat{r}|\ell m\rangle = \langle \theta\phi|Y_{\ell m}\rangle = Y_{\ell m}(\theta,\phi)$$

為球諧函數，以下列舉一些有用的關係

$$\nabla = \hat{r}(\hat{r}\cdot\nabla) - \hat{r}\times(\hat{r}\times\nabla) = \hat{r}\frac{\partial}{\partial r} - i\frac{\hat{r}\times\vec{l}}{r}$$

$$\nabla^2 = \frac{1}{r^2}\frac{\partial}{\partial r}\left(r^2\frac{\partial}{\partial r}\right) - \frac{l^2}{r^2}$$

應用例　自旋角動量（spin angular momentum）

自旋角動量概念的產生是來自於兩個實驗：一為鹼金屬（alkali metal）原子（例如 Na）光譜的雙線結構；二為反常則曼（Zeeman）效應，泡利（Pauli）提出用以下矩陣代表自旋 1/2 角動量，稱為泡利矩陣。定義自旋 1/2 泡利矩陣為

$$\sigma_x = \begin{pmatrix} 0 & 1 \\ 1 & 0 \end{pmatrix} \quad \sigma_y = \begin{pmatrix} 0 & -i \\ -i & 0 \end{pmatrix} \quad \sigma_z = \begin{pmatrix} 0 & 0 \\ 0 & -1 \end{pmatrix}$$

則可証明

$$[\sigma_i, \sigma_j] = 2i\varepsilon_{ijk}\sigma_k$$

$$\sigma_i^2 = 1$$

泡利矩陣有下列性質

(1) $(\vec{\sigma}\cdot\vec{A})(\vec{\sigma}\cdot\vec{B}) = \vec{A}\cdot\vec{B} + i\vec{\sigma}(\vec{A}\times\vec{B})$

這公式可適用於和 $\vec{\sigma}$ 對易的任二算符，即 $[\widehat{A_i}, \widehat{\sigma_j}] = 0 = [\widehat{B_i}, \widehat{\sigma_j}]$

(2) $\exp\left[-i\phi\frac{\hat{\sigma}}{2}\right] = \cos\frac{\phi}{2}\hat{I} - i\sin\frac{\phi}{2}\hat{\sigma}$，其中 $\hat{I}$ 為單位算符

如令自旋角動量

$$\hat{s} = \frac{\hbar}{2}\sigma$$

則可証明 $\hat{s}$ 滿足角動量一般的對易關係。（練習証明）

現在我們考慮兩自旋角動量的耦合：如考慮兩自旋 1/2 角動量

$$\hat{s}=\frac{\hbar}{2}\sigma_1$$

$$\hat{s}_2=\frac{\hbar}{2}\sigma_2$$

$$\hat{s}=\hat{s}_1+\hat{s}_2$$

則可耦合成三重態（triplet state）及單態（single state），如下

三重態

$$\begin{cases} |1 \quad 1\rangle=\left|\frac{1}{2} \quad \frac{1}{2} \quad \frac{1}{2} \quad \frac{1}{2}\right\rangle=\left|\frac{1}{2} \quad \frac{1}{2}\right\rangle\left|\frac{1}{2} \quad \frac{1}{2}\right\rangle \\ |1 \quad 0\rangle=\frac{1}{\sqrt{2}}\left[\left|\frac{1}{2} \quad \frac{1}{2} \quad \frac{1}{2} \quad \frac{-1}{2}\right\rangle+\left|\frac{1}{2} \quad \frac{-1}{2} \quad \frac{1}{2} \quad \frac{1}{2}\right\rangle\right] \\ |1 \quad -1\rangle=\left|\frac{1}{2} \quad \frac{-1}{2} \quad \frac{1}{2} \quad \frac{-1}{2}\right\rangle \end{cases}$$

單　態：$|0 \quad 0\rangle=\frac{1}{\sqrt{2}}\left[\left|\frac{1}{2} \quad \frac{1}{2} \quad \frac{1}{2} \quad \frac{-1}{2}\right\rangle-\left|\frac{1}{2} \quad \frac{-1}{2} \quad \frac{1}{2} \quad \frac{1}{2}\right\rangle\right]$

應用例　電子在磁場中運動

作用漢密爾頓算符為

$$\hat{H}=-\overrightarrow{M}\cdot\overrightarrow{B_0}=\frac{eg}{2m_ec}\vec{s}\cdot\overrightarrow{B_0}$$
$$=\frac{eg\hbar}{4m_ec}\vec{\sigma}\cdot\overrightarrow{B_0}=\frac{eg\hbar}{4m_ec}\sigma_z\cdot B_0$$

其中 $\overrightarrow{B_0}$ 為磁場（magnetic field），指向 z 軸，$\overrightarrow{M}$ 為磁矩（magnetic moment）。水丁格方程式為

$$i\hbar\frac{\partial\psi(t)}{\partial t}=H\psi(t)=\frac{eg\hbar B_0}{4m_ec}\widehat{\sigma_z}\psi(t)$$

如今

$$\psi(t)=\begin{pmatrix}\alpha(t)\\ \beta(t)\end{pmatrix}\equiv e^{-i\omega t}\begin{pmatrix}\alpha\\ \beta\end{pmatrix}$$

$$\hbar\omega\begin{pmatrix}\alpha\\ \beta\end{pmatrix}=\frac{eg\hbar B_0}{4m_ec}\begin{pmatrix}1 & 0\\ 0 & -1\end{pmatrix}\begin{pmatrix}\alpha\\ \beta\end{pmatrix}$$

則有二解

$$\omega=\pm\omega_0=\pm\frac{egB_0}{4m_ec}$$

對於 $\omega=+\dfrac{egB_0}{4m_ec}$ ，

$$\begin{pmatrix}\alpha\\ \beta\end{pmatrix}=\begin{pmatrix}1\\ 0\end{pmatrix}\equiv x_+$$

對於 $\omega=-\dfrac{egB_0}{4m_ec}$

$$\begin{pmatrix}\alpha\\ \beta\end{pmatrix}=\begin{pmatrix}0\\ 1\end{pmatrix}\equiv x_-$$

如磁場為時間相關

$$\vec{B}=B_1\cos\omega t\,\hat{x}+B_0\hat{z}$$

$$\hat{H}=\frac{eg\hbar}{4m_ec}(\sigma_xB_1\cos\omega t+\sigma_zB_0)$$

代入水丁格方程

$$i\hbar\frac{\partial\psi(t)}{\partial t}=H\psi(t)$$

令

$$\psi(t)=\begin{pmatrix}a(t)\\ b(t)\end{pmatrix}$$

則得

$$i\frac{da(t)}{\partial t}=\omega_0 a(t)+\omega_1\cos\omega t b(t)$$

$$i\frac{db(t)}{dt}=\omega_1\cos\omega t a(t)+\omega_0 b(t)$$

$$W_1\equiv\frac{egB_1}{4m_eC}$$

令

$$\begin{cases}A(t)=a(t)e^{i\omega_0 t}\\B(t)=b(t)e^{-i\omega_0 t}\end{cases}$$

代入方程式中即可得解（練習）。

Chapter 4

專　題

4.1 密度矩陣法

4.1.1 定義及基本性質

純態（pure state）的密度矩陣（density matrix）或密度算符（density operator）定義為

$$\hat{\rho}=|\psi\rangle\langle\psi|$$

其中 $|\psi\rangle$ 為一已歸一化波函數，密度矩陣滿足下列條件

$$\begin{cases}\hat{\rho}^{+}=\hat{\rho}\ \text{（赫密算符 hermitian）}\\ \hat{\rho}^{2}=\hat{\rho}\ \text{（等冪性 identpoten）}\\ Tr(\hat{\rho})=1\text{，}\rho_{nn}\rho_{mm}\geq|\rho_{mn}^{2}|\\ \langle A\rangle=\langle\psi|\hat{A}|\psi\rangle=Tr(\hat{A}\hat{\rho})\end{cases}$$

在坐標空間，其跡（trace）為

$$\begin{aligned}&Tr(\hat{A}\hat{\rho})\\ &=\int dx\int dx'\langle x|\hat{A}|x'\rangle\langle x|\hat{\rho}|x'\rangle\\ &=\int dx\int dx'\psi^{*}(x)A(x,x')\,\psi(x')\end{aligned}$$

假設 $\hat{A}$ 為局域算符且不含微分算符，則有

$$Tr(\hat{A}\hat{\rho})=\int dxA(x)\,|\,\psi(x)\,|^{2}$$

一些常用的跡為

(1) $Tr(\widehat{P_a}\hat{\rho})=|\langle a|\psi\rangle|^{2}$

其中 $\widehat{P_a}=|a\rangle\langle a|$ 為投影算符

(2) $\hat{A}=\sum\limits_{a,a'}\widehat{P_{aa'}}\,Tr(\hat{A}\widehat{P_{aa'}})$

其中 $\widehat{P_{aa'}}=|a\rangle\langle a'|$ 為投影算符

(3)如 $\widehat{H}=\widehat{H_0}+\widehat{H'}(t)$ 則躍遷率為

$$W_{ab} \propto |Tr(\widehat{H}'(t)\hat{P}_{ab})|^2$$

由定義利用水丁格方程式可推得李維爾（Liouville）方程

$$\frac{d\rho_{mn}}{dt}=-\frac{i}{\hbar}\sum_k (H_{mk}\rho_{kn}-\rho_{mk}H_{kn})=-i\sum_{m'}\sum_{n'}L_{nm}^{m'n'}\rho_{m'n'}$$

$$L_{nm}^{m'n'}=\frac{i}{\hbar}(H_{mm'}\delta_{nn'}-H_{n'n}\delta_{mm'})$$

此稱為李維爾方程式，跡的時移滿足下列方程式

$$i\hbar\frac{\partial}{\partial t}Tr(\hat{A}\hat{\rho})=Tr(\hat{A}\widehat{H}\hat{\rho}-\hat{A}\hat{\rho}\widehat{H})$$

且有三種表象

(a)水丁格表象

$$\frac{\partial\hat{A}}{\partial t}=0$$

$$i\hbar\frac{\partial\hat{\rho}}{\partial t}=[\widehat{H},\hat{\rho}]$$

(b)海森堡表象

$$\frac{\partial\hat{\rho}}{\partial t}=0$$

$$i\hbar\frac{\partial\hat{A}}{\partial t}=[\hat{A},\widehat{H}]$$

(c)狄拉克或作用表象

$$i\hbar\frac{\partial\hat{A}}{\partial t}=[\hat{A},\ \widehat{H_0}]$$

$$i\hbar\frac{\partial\hat{\rho}}{\partial t}=[\widehat{H}',\hat{\rho}]$$

$$\frac{\partial}{\partial t}\,(Tr(\hat{A}\hat{\rho}))=0$$

對於混合態（mixed state），密度矩陣定義為

$$\hat{\rho}=\sum_{j}\omega_j\,|\,\psi^{(j)}\rangle\langle\psi^{(j)}|$$

其中 $\{\psi^{(j)}\}$ 形成一系綜，而 ω_j 為 $\psi^{(j)}$ 在全系綜（ensemble）之分布機率

$$\sum_{j}\omega_j=1$$

注意此時等冪性不成立

$$\hat{\rho}^2\neq\hat{\rho}$$

對於定態，可取 $\hat{H}$ 和 $\hat{\rho}$ 之共同本徵態

$$\hat{\rho}=\sum_{E}\omega_E|E\rangle\langle E|$$

及

$$\hat{\rho}=\sum_{\rho}\rho|\rho\rangle\langle\rho|$$

其中 $|\rho\rangle$ 為所謂佔據數態（occupation number state）

應用例　統計熱力學（statistical thermodynamics）

如取能量態為佔據數態

$$|\rho\rangle=|E\rangle$$

及假設分佈為

$$\omega_E=\exp(\alpha-E/kt)\ \equiv\exp(\alpha-\beta E)，\beta=1/kT$$

其中 T 為溫度，則

$$\hat{\rho}=\sum_{E}e^{\alpha-\beta E}\,|\,E\rangle\langle E\,|=e^{\alpha-\beta\hat{H}}\sum_{E}|\,E\rangle\langle E\,|$$

其中分布函數視粒子系滿足波茲曼（Boltzman），波色－愛因斯坦（Bose-Einstein）或費米－狄拉克（Fermi-Dirac）統計而定。此處我們使用投射算符

$$\hat{P} \equiv \sum_{E \in \Gamma} |E\rangle\langle E|$$

於可佔據態空間 Γ。則有

$$\hat{\rho} = e^{\alpha - \beta \hat{P}\hat{H}\hat{P}}$$

則

$$Tr(\hat{\rho}) = 1 = e^{\alpha} Tr(e^{-\beta \hat{P}\hat{H}\hat{P}})$$

$$e^{-\alpha} \equiv Z = Tr(e^{-\beta \hat{P}\hat{H}\hat{P}})$$

稱為配分函數（partition function），可証明內能(internal energy)U，熵（entropy）S，及自由能（free energy）A 分別為

$$U = Tr(\hat{H}\hat{\rho})$$

$$S = -kTr(\hat{P}\ln\hat{P})$$

$$A = kT\alpha$$

比較一下用波函數及密度矩陣表示平均值

$$\langle \hat{A} \rangle = \frac{\langle \psi | \hat{A} | \psi \rangle}{\langle \psi | \psi \rangle} \qquad \text{純態}$$

$$\langle \hat{A} \rangle = \frac{\sum_{i,j} \langle \psi^{(j)} | \hat{A} | \psi^{(i)} \rangle \rho_{ij}}{\sum_i \rho_{ii}} \qquad \text{混合態}$$

$$Tr(\hat{\rho}) = \sum_i \rho_{ii}$$

$$Tr(\hat{A}\hat{\rho}) = \sum_{i,j} \langle j | \hat{A} | i \rangle \rho_{ij}$$

可知為等價的

4.1.2 泡利主控方程式（The Pauli Master Equation）

由李維爾方程式，如

$$H = H_0 + H'$$

可得

$$\frac{d\rho_{nn}}{dt} = -\frac{i}{\hbar}\sum_m{}'(H'_{nm}\rho_{mn} - \rho_{nm}H'_{mn})$$

$$\frac{d\rho_{mn}}{dt} = -i\omega_{mn}\rho_{mn} - \frac{i}{\hbar}\sum_k{}''(H'_{mk}\rho_{kn} - \rho_{nk}H'_{kn}) - \frac{i}{\hbar}H'_{mn}(\rho_{nn} - \rho_{mm})$$

其中單撇號'代表 $m \neq n$，雙撇號代表 $k \neq m, k \neq n$

$$\omega_{mn} = \frac{1}{\hbar}(E_m + H'_{mn} - E_n - H_{nn}')$$

利用微擾級數

$$\rho_{nn} = \rho_{nn}^{(0)} + \rho_{nn}^{(1)} + \rho_{nn}^{(2)} + \cdots$$

$$\rho_{mn} = \rho_{mn}^{(0)} + \rho_{mn}^{(1)} + \rho_{mn}^{(2)} + \cdots$$

則到第零階可得

$$\frac{d\rho_{nn}^{(0)}}{dt} = 0$$

$$\frac{d\rho_{mn}^{(0)}}{dt} = -i\omega_{mn}^{(0)}\rho_{mn}^{(0)}$$

其中

$$\omega_{mn}^{(0)} = \frac{1}{\hbar}(E_m - E_n)$$

則有

$$\rho_{nn}^{(0)}=\rho_{nn}^{(0)}(t=0)$$
$$\rho_{mn}^{(0)}=\rho_{mn}^{(0)}\ (t=0)e^{-i\omega_{mn}^{(0)}t}$$

起始條件為

$$\rho_{nn}(t=0)=\rho_{nn}^{(0)}$$
$$\rho_{mn}(t=0)=\rho_{mn}^{(0)}=0$$

則得

$$\rho_{nn}^{(0)}(t)=\rho_{nn}^{(0)}$$

$$\rho_{mn}^{(0)}(t)=0$$

同理到第一階則有

$$\rho_{nn}^{(1)}(t)=0$$

$$\rho_{mn}^{(1)}(t)=\frac{H'_{mn}}{\hbar\omega_{mn}}(1-e^{-i\omega_{mn}^{(0)}t})(\rho_{mm}^{(0)}-\rho_{nn}^{(0)})$$

到第二階則有

$$\frac{d}{dt}\rho_{nn}^{(2)}(t)=\frac{2}{\hbar}\sum_{m}I_m\{H'_{nm}\rho_{mn}^{(1)}\}=\sum_{m}k_{mn}\{\rho_{mm}^{(0)}-\rho_{nn}^{(0)}\}$$

其中

$$k_{mn}=\frac{2}{\hbar^2}|H'_{nm}|^2\frac{\sin\omega_{mn}^{(0)}t}{\omega_{mn}^{(0)}}$$

且在長時間近似，即 $t\to\infty$

$$k_{mn}=\frac{2\pi}{\hbar}|H'_{nm}|^2\delta(E_m-E_n)$$

因此到第二階則得

$$\frac{d\rho_{nn}}{dt}=\sum_{m}k_{mn}(\rho_{mm}-\rho_{nn})$$

即泡利主控方程式（PME）

應用例　折合密度矩陣（reduced density matrix）

如有一系統可分成兩自由度部份系統 ψ_j 及 φ_j，則全系統態可表為

$$|\psi\rangle=\sum_{i,j}\theta_{ij}|\psi_i\phi_j\rangle$$

其中 θ_{ij} 代表分配係數

$$\langle x,y|\psi\rangle=\psi(x,y)=\sum_{i,j}\theta_{ij}\langle x|\psi_i\rangle\langle y|\phi_j\rangle=\sum_i\alpha_i(y)\psi_i(x)$$

$$\alpha_i(y)=\sum_j\theta_{ij}\phi_j(y)$$

ψ_i 態在 x 之機率為

$$\begin{aligned}P&=\int dy\,\langle x,y|\hat{\rho}|x,y\rangle\\&=\sum_{i,j}\rho_{ij}\,\langle x|\psi_i\rangle\langle\psi_j|x\rangle\end{aligned}$$

其中

$$\rho_{ij}=\int dy\,\alpha_i(y)\,\alpha_j^*(y)$$

即為折合密度矩陣

4.1.3　系統和熱庫（heat bath）作用，耗散系統（dissipative system）

由李維爾方程

$$\frac{d\hat{\rho}}{dt}=-\frac{i}{\hbar}[\hat{H},\hat{\rho}]=-i\hat{L}\hat{\rho}\tag{1}$$

如 $\hat{H}$ 可分為系統 $\widehat{H_s}$，熱庫 $\widehat{H_b}$ 及作用 $\widehat{H'}$ 三部份

$$\widehat{H}=\widehat{H}_s+\widehat{H}_b+\widehat{H}'\equiv\widehat{H}_0+\widehat{H}'$$

$$\widehat{L}=\widehat{L}_s+\widehat{L}_b+\widehat{L}'\equiv\widehat{L}_0+\widehat{L}'$$

定義折合密度矩陣（即系統密度矩陣）為

$$\widehat{\rho}^{(s)}(t)\equiv Tr_b(\widehat{\rho}(t))$$

其中下標 b 表示求熱庫之跡，如令

$$\widehat{\rho}(0)=\widehat{\rho}^{(s)}(0)\,\widehat{\rho}^{(b)}(0)$$

則利用拉普拉斯轉換

$$\widehat{\rho}(p)=\frac{1}{p+i\widehat{L}}\widehat{\rho}(0)$$

其中

$$\widehat{\rho}(p)=\int_0^\infty e^{-pt}\widehat{\rho}(t)\,dt$$

利用法諾（Fano）定義的躍遷算符（transition operator）$\widehat{M}(p)$

$$\widehat{\rho}(p)=\frac{1}{p+i\widehat{L_0}}\left[1+\widehat{M}(p)\frac{1}{p+i\widehat{L_0}}\right]\widehat{\rho}(0)$$

其中

$$\widehat{M}(p)=(-i\hat{L}')+(-i\hat{L}')\frac{1}{p+i\widehat{L}}(-i\hat{L}')$$

或

$$\widehat{\rho}^{(s)}(p)=\frac{1}{p+i\widehat{L}_s}\left[1+\langle\widehat{M}(p)\rangle\frac{1}{p+i\widehat{L}_s}\right]\widehat{\rho}^{(s)}(0)$$

$$\langle\widehat{M}(p)\rangle=Tr_b[\widehat{M}(p)\widehat{\rho}^{(b)}(0)]$$

或

$$\hat{\rho}^{(s)}(p)=\frac{1}{p+i\hat{L_s}+\langle\hat{M_c}(p)\rangle}\hat{\rho}^{(s)}(0)$$

其中

$$\langle\ \hat{M_c}\ (p)\ \rangle=\frac{-1}{1+\langle\ \hat{M}(p)\ \rangle\ \dfrac{1}{p+i\hat{L_s}}}\langle\ \hat{M}(p)\ \rangle$$

或

$$p\hat{\rho}^{(s)}\ (p)-\hat{\rho}^{(s)}(0)=-i\hat{L_s}\hat{\rho}^{(s)}\ (p)-\langle\ \hat{M_c}\ (p)\ \rangle\ \hat{\rho}^{(s)}\ (p)$$

則反拉普拉斯轉換得

$$\frac{d\rho^{(s)}(t)}{dt}=-i\hat{L_s}\hat{\rho}^{(s)}\ (t)-\int_0^t dt'\langle\ \hat{M_c}(t')\ \rangle\ \hat{\rho}^{(s)}\ (t-t')$$

$$\langle\ \hat{M_c}(p')\ \rangle=-\int_0^\infty e^{-pt}\hat{M_c}\ (t)dt$$

注意到利用展開式

$$\hat{\rho}^{(s)}\ (t-t')=\sum_{n=0}^{\infty}\frac{1}{n!}\ (-t')^n\frac{\partial^n\hat{\rho}^{(s)}(t)}{\partial t^n}=e^{-t'\frac{d}{dt}}\rho^{(s)}\ (t)$$

則有

$$\frac{d\rho^{(s)}(t)}{dt}=-i\hat{L_s}\rho^{(s)}\ (t)-\sum_{n=0}^{\infty}\frac{1}{n!}\int_0^t dt'\ (-t')^n\langle\ \hat{M_c}\ (t')\ \rangle\frac{\partial^n\hat{\rho}^{(s)}(t)}{\partial t^n}$$

$$=-i\hat{L_s}\rho^{(s)}\ (t)-\sum_{n=0}^{\infty}\hat{K_n}\ (t)\frac{\partial^n\hat{\rho}^{(s)}(t)}{\partial t^n}$$

其中

$$\hat{K_n}\ (t)=\frac{1}{n!}\int_0^t dt'\ (-t')^n\langle\ \hat{M_c}\ (t')\ \rangle$$

利用現在所謂奇異微擾法（singular perturbation theory）展開算符

$$\widehat{\rho}^{(s)}=\widehat{\rho_0}^{(s)}+\lambda\widehat{\rho_1}^{(s)}+\lambda^2\widehat{\rho_2}^{(s)}+\ldots$$

$$\widehat{K_n}=\lambda\widehat{K_n}^{(1)}+\lambda^2\widehat{K_n}^{(2)}+\ldots$$

$$\frac{d}{dt}=\frac{d}{dt_0}+\lambda\frac{d}{dt_1}+\lambda^2\frac{d}{dt_2}+\ldots$$

其中 $t_n=\lambda^n t$，則利用馬可夫（Markoff）近似，可改寫方程式如下形式

$$\frac{d\rho^{(s)}(t)}{dt}=-i\widehat{L_s}\rho^{(s)}(t)-\widehat{\Gamma}\rho^{(s)}$$

$\widehat{\Gamma}$ 叫做衰減算符（damping optrator）

另一方面，如令

$$\frac{d}{dt}\rightarrow -i\widehat{L_s}$$

則得

$$\frac{d\rho^{(s)}(t)}{dt}=-i\widehat{L_s}\rho^{(s)}(t)-\int_0^t dt'\langle\widehat{M_c}(t')\rangle e^{it'\widehat{L_s}}\rho^{(s)}(t)$$

稱為廣義主控方程（generalized master equation (GME)），$\rho^{(s)}$ 的對角元素代表系統的族群數（population），而非對角元素，代表相位（phase）或同調（coherence）。前者決定光譜強度（intensity）而後者決定洛侖茲（Lorentzian）頻寬（width）及頻移（frequency shift）。如使用馬可夫近似

$$\widehat{\Gamma}\equiv\int_0^\infty dt'\widehat{M_c}(t')e^{it'\widehat{L_s}}$$

則得

$$\frac{d\rho^{(s)}(t)}{dt}=-i\widehat{L_s}\rho^{(s)}(t)-\widehat{\Gamma}\rho^{(s)}(t)$$

此為實務上之工作方程式（working equation）

4.2 路徑積分法

傳統量子力學有兩種處理法，一是解水丁格方程式而得動力學波函數狀態解（即本書採用方法），另一種為解海森堡方程式而得動力學算符狀態解，此二法已被狄拉克利用轉換理論証明為等價的。約 1948 年費曼（Feynman）研究狄拉克量子力學書中關於古典力學和量子力學相似性時，啟發一種新的量子力學處理法，稱為路徑積分法（path integral method），此法乃基於古典拉格朗吉法（Lagrangian formulation），略述如下。

狄拉克在 1926 年（此法可參考 Dirac, Phys. Zeit. der Sowjetunion, Band 3, Heft 1 (1933)）觀察到古典力學和量子力學之相似性時發現量子力學中正規轉換（Canonical transformation, CT）如同古典力學中一般，有下列特性，即 CT 保存對易關係，正如 CT 保存泊松（Poisson）括號一般。

$$\hat{p}, \hat{q} \to \hat{P}, \hat{Q}$$

$$[\hat{p}, \hat{q}] = -i\hbar \to [\hat{P}, \hat{Q}] = -i\hbar$$

如定義良序（Well-ordered）函數

$$\langle q | F(\hat{q}, \hat{Q}) | Q \rangle \equiv \langle q | f_1(\hat{q}) f_2(\hat{Q}) Q \rangle = f_1(\hat{q}) f_2(\hat{Q}) \langle q|Q \rangle$$

$$= F(q, Q) \langle q|Q \rangle$$

$$\langle q|\hat{p}|Q \rangle = i\hbar \frac{\partial}{\partial q} \langle q|Q \rangle$$

$$\langle q|\hat{P}|Q \rangle = -i\hbar \frac{\partial}{\partial Q} \langle q|Q \rangle$$

令

$$\langle q|Q \rangle = e^{-iG(q, Q)/\hbar}$$

$$\langle q|\hat{p}|Q \rangle = \frac{\partial G}{\partial q} \langle q|Q \rangle$$

$$\langle q|\hat{P}|Q\rangle = -\frac{\partial G}{\partial Q}\langle q|Q\rangle$$

G 就如同古典力學中的產生函數（generating function）

$$\begin{cases} \hat{p} = \dfrac{\partial \hat{G}}{\partial q} \\ \hat{P} = -\dfrac{\partial G}{\partial Q} \end{cases}$$

狄拉克宣稱以下的關係式

$$\langle q' t|qT\rangle \doteq e^{\frac{i}{\hbar}\int_T^t Ldt}$$

L 為拉格朗吉函數，即對於一有限時區類似或等於（analogous to or equal to, for a finite time interval）。1948 年費曼提出

$$\langle q' t|qT\rangle = Ae^{iL(q'(t+\delta t);\, q(t)))\delta t/\hbar}$$

即對於一無限小時區完全等於（equal to, for an infinitisimal time interval）簡單做一比較，狄拉克認為

$$\langle q' t \,|\, qT\rangle = \langle q, t \,|\, q_1\rangle \ \langle q_1 \,|\, q_2\rangle \ .... \ \langle q_{N-1} \,|\, q, T\rangle$$

而費曼認為

$$\langle q' t|q, T\rangle = \int dq_1 \langle q', t|q_1\rangle \langle q_1|q, T\rangle = ...$$

$$= \int dq_1 ... q_{N-1} \langle q, t'|q_1\rangle \langle q_1|q_2\rangle \ .... \ \langle q_{N-1}|q, T\rangle$$

$$\langle q' t|qT\rangle = \lim_{N\to\infty} A^N \int \prod_{i=1}^{N-1} dq_i \cdot e^{\frac{i}{\hbar}\int_T^t dtL(q,\dot{q})}$$

此結構即測度論中所謂的李維爾測度（Liouville measure）。

4.2.1　數學準備－泛函微積分（functional calculus）

泛函是一種特別的函數，它作用於函數空間而給出一數值，即 $C^\infty(M) \to$

R，其中 M 為流形（manifold），而 C^∞ 代表無限可微分函數空間，用 $F[f]$ 表示泛函。

泛函導數定義為

$$\frac{\delta F[f(x)]}{\delta f(y)} = \lim_{\varepsilon \to 0} \frac{1}{\varepsilon} \{F[f(x) + \varepsilon\delta(x-y)] - F[f(x)]\}$$

例如

$$F[f(x)] = \int f(x)dx$$

則

$$\frac{\delta F[f(x)]}{\delta f(y)} = \lim_{\varepsilon \to 0} \frac{1}{\varepsilon} \left\{\int [f(x) + \varepsilon\delta(x-y)dx]dx - \int f(x)dx\right\}$$

$$= \lim_{\varepsilon \to 0} \frac{1}{\varepsilon} \int \varepsilon\delta(x-y)dx$$

$$= \int \delta(x-y)dx$$

$$= 1$$

又例如

$$F[f(x)] = \int G(x,y)f(y)dy$$

則

$$\frac{\delta F[f(x)]}{\delta f(y)} = \lim_{\varepsilon \to 0} \frac{1}{\varepsilon} \{\int G(x,y)(f(y) + \varepsilon f(y-z))dy - \int G(x,y)f(y)dy$$

$$= \lim_{\varepsilon \to 0} \frac{1}{\varepsilon} \int \varepsilon\delta(y-z)G(x,y)dy$$

$$= G(x,z)$$

可參考下列：J. Schwinger Particles and Sources; E. S. Abers and B. W. Lee, Phys. Rep. 9c, 1, (1973).

4.2.2 路徑積分形成法一

水丁格方程式為

$$\hat{H}\psi = i\hbar\frac{\partial\psi}{\partial t}$$

$$\hat{H} = \hat{T} + V = \frac{p^2}{2m} + V = -\frac{\hbar^2}{2m}\frac{d^2}{dx^2} + V$$

定義格林函數

$$\left(\hat{H} - i\hbar\frac{\partial}{\partial t}\right)G(t, t_0) = -i\hbar\delta(t - t_0)$$

或

$$\left(\hat{H}_x - i\hbar\frac{\partial}{\partial t}\right)G(xt, yt_0) = -i\hbar\delta(t - t_0)\,\delta(x - y)$$

其中

$$G(xt, yt_0) \equiv \langle x|G(t, t_0)|y\rangle$$

注意到

$$\psi(t) = G(t, t_0)\psi(t_0)$$

此式中，起始態為 $\psi(t_0)$，如 $\hat{H}$ 不顯含時間，則

$$G(t, t_0) = \Theta(t - t_0)\,e^{-i\hat{H}(t - t_0)/\hbar}$$

令 $t_0 = 0$，則對於 $t > 0$

$$G(xt, y) = \langle x|e^{-i\hat{H}t/\hbar}|y\rangle$$

如圖 4.1 中將空間分成 N 個格點，利用崔特（Trotter）公式

$$e^{-\lambda(\hat{T} + \hat{V})/N} = e^{-\lambda\hat{T}/N}e^{-\lambda\hat{V}/N} + O\left(\frac{\lambda^2}{N^2}\right)$$

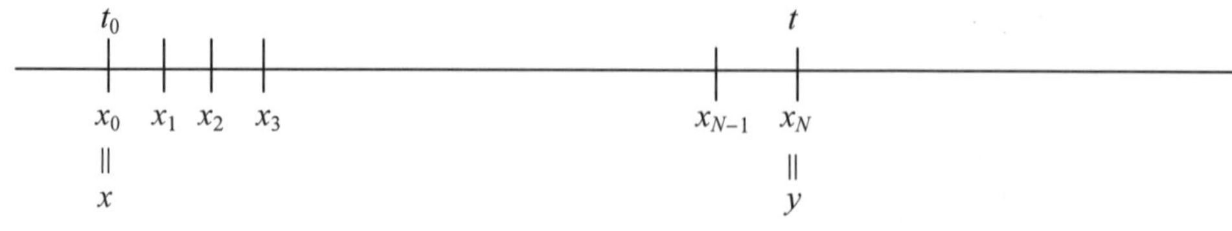

圖 4.1　空間以格點表示

其中 $\lambda\equiv it/\hbar$，則得

$$
\begin{aligned}
G(xt,y) &= \langle x\,|\,e^{-\lambda\hat{T}/N}e^{-\lambda\hat{V}/N}....e^{-\lambda(\hat{T}+\hat{V})/N}\,|\,y\,\rangle \\
&= \langle x\,|\left\{e^{-\lambda\hat{T}/N}e^{-\lambda\hat{V}/N}+O\left(\frac{1}{N^2}\right)\right\}^N|\,y\,\rangle \\
&\approx \langle x\,|\left(e^{-\lambda\hat{T}/N}e^{-\lambda\hat{V}/N}\right)^N|\,y\,\rangle
\end{aligned}
$$

最後一式近似可看成

$$
\begin{aligned}
&A\equiv e^{-\lambda T/N}e^{-\lambda V/N} \\
&B\equiv e^{-\lambda(T+V)/N} \\
&A^N-B^N=(A-B)B^{N-1}+A(A-B)B^{N-2}+....+A^{N-1}(A-B) \\
&A-B=O\left(\frac{1}{N^2}\right)
\end{aligned}
$$

如 $N\to\infty$, $(A-B)\to 0$ 則

$$
G(xt,y)=\lim_{N\to\infty}\ \langle x|\left(e^{-\lambda\hat{T}/N}e^{-\lambda\hat{V}/N}\right)^N|\,y\,\rangle
$$

代入單位（identity）算符

$$
1=\int dx_j|x_j\rangle\langle x_j|,\ j=1,2,...,N-1
$$

$$
G(xt,y)=\lim_{N\to\infty}\int dx_j....dx_{N-1}\prod_{j=0}^{N-1}\ \langle x\,|\,e^{-\lambda\hat{T}/N}\,e^{-\lambda\hat{V}/N}|\,y\,\rangle
$$

如 V 為局域位能，則有

$$e^{-\lambda\hat{V}/N}|x_j\rangle = e^{-\lambda\hat{V}(x_j)/N}|x_j\rangle$$

對於 $e^{-\lambda T/N}$，有

$$\langle x_{j+1}|e^{-\lambda\hat{T}/N}|x_j\rangle$$

$$=\int dp\,\langle x_{j+1}|e^{-\lambda\hat{T}/N}|p\rangle\langle p|x_j\rangle$$

$$=\frac{1}{2\pi\hbar}\int_{-\infty}^{\infty} dp e^{-\lambda p^2/2mN}\,e^{-ip(x_{j+1}-x_j)/\hbar}$$

$$=\sqrt{\frac{mN}{2\pi\lambda\hbar^2}}\,e^{-mN(x_{j+1}-x_j)^2/2\lambda\hbar^2}$$

則得

$$G(xt,y)=\lim_{N\to\infty}\int dx_1....dx_{N-1}\left(\frac{mN}{2\pi\lambda\hbar^2}\right)^{\frac{N}{2}}\times\prod_{j=0}^{N-1}\exp\left\{-\frac{mN(x_{j+1}-x_j)^2}{2\lambda\hbar^2}-\frac{\lambda N(x_j)}{N}\right\}$$

或令 $\varepsilon=t/N$

$$G(xt,y)=\lim_{N\to\infty}\int dx_1....dx_{N-1}\left(\frac{m}{2\pi\lambda\hbar\varepsilon}\right)^{\frac{N}{2}}\exp\left[\frac{i\varepsilon}{\hbar}\sum_{j=0}^{N-1}\left(\frac{m}{2}\left(\frac{x_{j+1}-x_j}{\varepsilon}\right)^2-V(x_j)\right)\right]$$

如極限存在，則有

$$\sum_{j=1}^{n-1}\varepsilon\left(\frac{m}{2}\left(\frac{x_{j+1}-x_j}{\varepsilon}\right)^2-V(x_j)\right)$$

$$\approx\int_0^t d\tau\left[\frac{1}{2}m\left(\frac{dx}{d\tau}\right)^2-V(x)\right]$$

$$=\int_0^t d\tau L\equiv S[x(t)]$$

即古典作用積分，其中

$$L=\frac{1}{2}m\left(\frac{dx}{d\tau}\right)^2-V(x)$$

即為拉格朗吉函數，則記做

$$G(xt,y)=C\cdot\sum_{\substack{x(\cdot)\\x(t)=x\\y(0)=y}}e^{iS[x(\cdot)]/\hbar}$$

或稱為對歷史求和（Sum over history）。

4.2.3 路徑積分形成法二

如有波函數 $\psi(q_i,\ t_i)$，定義於時間 t_i 及坐標 q_i，則利用惠更斯（Huygens）原理，則在之後的時間 t_f 及坐標 q_f 時，有

$$\begin{aligned}\psi(q_f,t_f)&=\langle q_f|\psi t_f\rangle_s=\langle q_f t_f|\psi\rangle_H\\&=\int K(q_f t_f;\ q_i t_i)\,\psi(q_i,\ t_i)dq_i\\&=\int K(f;\ i)\ \langle q_i|\psi t_i\rangle_s\,dq_i\\&=\int\langle q_f|\hat{U}\ |q_i\rangle\langle q_i|\psi t_i\rangle_s\,dq_i\\&=\langle q_f|\hat{U}\ |\psi t_i\rangle_s\end{aligned}$$

其中下標 S 及 H 分別代表水丁格表象及海森堡表象（見附錄一），K 為傳播子（propagator）或稱為核心（kernel），而 U 為時移算符，由波恩機率解釋，此時機率為

$$P(q_f t_f;\ q_i t_i)=|K(q_f t_f;\ q_i t_i)|^2$$

用下列方法可得傳播子的表示法，令

$$|\psi t\rangle_s=e^{-i\hat{H}t/h}|\psi\rangle_H$$

$$|qt\rangle_s=e^{-i\hat{H}t/h}|q\rangle$$

則

$$\begin{aligned}\langle q_f|\psi t_f\rangle_s&=\langle q_f t_f|\psi\rangle_H\\&=\int\langle q_f|e^{-i\hat{H}(t_f-t_i)}|\,q_i\rangle\langle q_i|\psi t_i\rangle_s\,d^3q_i\\&=\int\ \langle q_f t_f|q_i t_i\rangle\langle q_i t_i|\psi\rangle_H\,d^3q_i\end{aligned}$$

則得

$$K=\langle q_f|e^{-i\hat{H}(t_f-t_i)}|q_i\rangle=\langle q_f t_f|q_i t_i\rangle$$

如圖 4.2 所示，將時空以格點表示，即

$$t_f-t_i=n\tau$$

$$\langle q_f t_f|q_i t_i\rangle=\int\cdots\int dq_1 dq_2\cdots dq_n\langle q_f t_f|q_n t_n\rangle\langle q_n t_n|q_{n-1}t_{n-1}\rangle\cdots\langle q_1 t_1|q_i t_i\rangle$$

這些路徑包含所有可能的路徑，它們並非古典力學中的軌跡，而實際上是測度論中所謂的馬可夫鏈（Markoff chain）。可以証明

$$\begin{aligned}\langle q_{j+1}t_{j+1}|q_j t_j\rangle &= \langle q_{j+1}|e^{-i\hat{H}\tau/\hbar}|q_j\rangle\\ &= \langle q_{j+1}|1-\frac{i}{\hbar}\hat{H}\tau+O(\tau^2)|q_j\rangle\\ &=\delta(q_{j+1}-q_j)-\frac{i}{\hbar}\tau\langle q_{j+1}|\hat{H}|q_j\rangle+O(\tau^2)\\ &=\frac{1}{2\pi\hbar}\int dpe^{\frac{i}{\hbar}p(q_{j+1}-q_j)}-\frac{i\tau}{\hbar}\langle q_{j+1}|\hat{H}|q_j\rangle\end{aligned}$$

如令

$$\hat{H}=\frac{\hat{p}^2}{2m}+V(q)$$

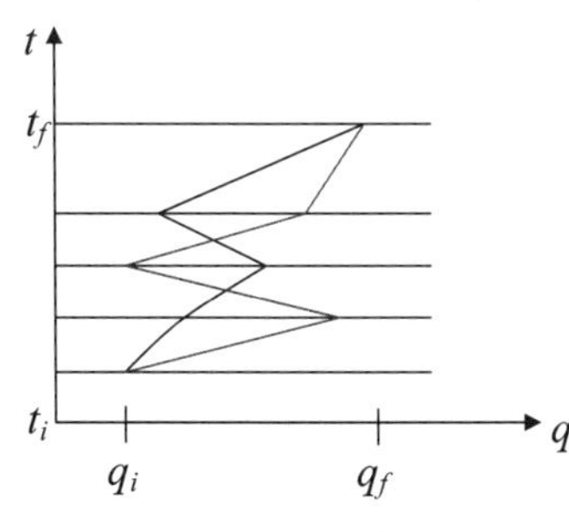

圖 4.2 時空以格點表示

則有

$$\langle q_{j+1}\left|\frac{\hat{p}^2}{2m}\right|q_j\rangle=\int dp'dp\,\langle q_{j+1}|p'\rangle\langle p'\left|\frac{\hat{p}^2}{2m}\right|p\rangle\langle p|q_j\rangle$$

$$=\int\frac{dp'dp}{2\pi\hbar}\exp\left[\frac{i}{\hbar}(p'q_{j+1}-pq_j)\right]\frac{p^2}{2m}\delta(p-p')$$

$$=\int\frac{dp}{h}\exp\left[\frac{i}{\hbar}p(q_{j+1}-q_j)\right]\frac{p^2}{2m}$$

及

$$\langle q_{j+1}|V(q)|q_j\rangle=V(\bar{q}_j)\langle q_{j+1}|q_j\rangle$$

$$=\int\frac{dp}{h}\exp\left[\frac{i}{\hbar}p(q_{j+1}-q_j)\right]V(\bar{q}_j)$$

其中

$$\bar{q}_j=\frac{1}{2}(q_{j+1}+q_j)$$

則得

$$\langle q_{j+1}|\hat{H}|q_j\rangle=\int\frac{dp}{h}\exp\left[\frac{i}{\hbar}p(q_{j+1}-q_j)\right]H(p,q)$$

及

$$\langle q_{j+1}t_{j+1}|q_jt_j\rangle=\frac{1}{h}\int dp_j\exp\left\{\frac{i}{\hbar}[p_j(q_{j+1}-q_j)]H(p,q)\right\}$$

事實上這可以普遍性的導出，而不決定於 H 的形式，此處 p_j 是介於 t_j 和 t_{j+1} 的動量，最後得到

$$\langle q_ft_f|q_it_i\rangle=\lim_{n\to\infty}\int\prod_{j=0}^{n}dq_j\prod_{j=0}^{n}\frac{dp_j}{h}\exp\left\{\frac{i}{\hbar}\sum_{j=0}^{n}[p_j(q_{j+1}-q_j)]-\tau H(p_j,\bar{q}_j)\right\}$$

$$q_0=q_i;\ q_{n+1}=q_f$$

或表示為

$$K(f,i)=\int\frac{D_qD_p}{h}\exp\frac{i}{\hbar}\left[\int_{t_i}^{t_f}dt[p\dot{q}-H(p,q)]\right]$$

如果 H 可寫成 $\hat{H}=\frac{\hat{p}^2}{2m}+V(q)$，則動量部分積分可積出而有

$$K(f,i)=\lim_{n\to\infty}\int\prod_{j=0}^{n}dq_j\prod_{j=0}^{n}\frac{dp_j}{h}\exp\left\{\frac{i}{\hbar}\sum_{j=0}^{n}\left[p_j(q_{j+1}-q_j)-\frac{p_j^2}{2m}\tau-V(\bar{q}_j)\tau\right]\right\}$$

$$=\lim_{n\to\infty}\left(\frac{m}{ih\tau}\right)^{n+\frac{1}{2}}\int\prod_{j=0}^{n}dq_j\exp\left\{\frac{i}{\hbar}\sum_{j=0}^{n}\left[\frac{m}{2}\left(\frac{q_{j+1}-q_j}{\tau}\right)^2-V\right]\right\}$$

$$=N\int D_q\exp\left[\frac{i}{\hbar}\int_{t_i}^{t_f}L(q,\dot{q})dt\right]$$

這就是費曼原始導出的形式，但此表示法有一些缺陷（見 Lee and Yang, Phys. Rev., 128, 885 (1962)）。舉一個反例子

$$L=\frac{\dot{q}^2}{2}f(q)$$

$$p=\frac{\partial L}{\partial\dot{q}}=\dot{q}f(q)$$

$$H=p\dot{q}-L=\frac{1}{2}\dot{q}^2f(q)=\frac{p^2}{2f(q)}$$

則得

$$\langle q_ft_f|q_it_i\rangle=N\int D_q\exp\left(\frac{i}{h}S_{eff}\right)$$

$$S_{eff}=\int dt\left[L(q,\dot{q})-\frac{i}{2}\delta(0)\ln f(q)\right]$$

這並非費曼所得之形式，而是所謂的維納測度（Weiner measure）。這兩種表示法的積分記號為

$$\int D[q(\cdot)]=\int[q(t)]=\int D_q$$

$$\int D[q(\cdot)]\,e^{iS[x]}=\int D[q]D[p]\,e^{i\int dt(p\dot{q}-\hat{H})}$$

應用例　自由粒子的 Kernel

利用公式

$$\int dx \exp[\alpha (x_1 - x)^2 + \beta (x - x_2)^2] = \sqrt{\frac{-\pi}{\alpha+\beta}} \exp\left[\frac{\alpha\beta}{\alpha+\beta}(x_1 - x_2)^2\right]$$

則有

$$\Rightarrow \begin{cases} \int dx_1 \exp[-a(x_0 - x_1)^2 - a(x_1 - x_2)^2] = \sqrt{\frac{\pi}{2a}} \exp\left[-\frac{a}{2}(x_0 - x_2)^2\right] \\ \int dx_2 \exp\left[-\frac{a}{2}(x_0 - x_2)^2 - a(x_2 - x_3)^2\right] = \sqrt{\frac{2\pi}{3a}} \exp\left[-\frac{a}{3}(x_0 - x_3)^2\right] \\ \cdots \\ \int dx_{N-1} \exp\left[-\frac{a}{N-1}(x_0 - x_{N-1})^2 - a(x_{N-1} - x_N)^2\right] = \sqrt{\frac{(N-1)\pi}{Na}} \exp\left[-\frac{a}{N}(x_0 - x_N)^2\right] \end{cases}$$

代入積分則得

$$\begin{aligned} &\int \ldots \int dx_1 \ldots dx_{N-1} \exp[-a(x_0 - x_1)^2 - \ldots - a(x_{N-1} - x_N)^2] \\ &= \sqrt{\frac{\pi}{2a}} \sqrt{\frac{2\pi}{3a}} \sqrt{\frac{3\pi}{4a}} \cdots \sqrt{\frac{(N-1)\pi}{Na}} \exp\left[-\frac{a}{N}(x_0 - x_N)^2\right] \\ &= \sqrt{\frac{\pi^{N-1}}{Na^{N-1}}} \exp\left[-\frac{a}{N}(x_0 - x_N)^2\right] \end{aligned}$$

則有（見圖 4.1）

$$\begin{aligned} &K(x_0 = x, x_N = y, t - t_0 = N\varepsilon) \\ &= \lim_{\varepsilon \to 0} \int \cdots \int dx_1 \cdots dx_{N-1} \left(\frac{2\pi i\varepsilon}{m}\right)^{-\frac{N}{2}} \exp\left[\frac{im}{2\varepsilon} \sum_{i=1}^{N} (x_{i-1} - x_i)^2\right] \\ &= \lim_{\varepsilon \to 0} \left(\frac{2\pi i\varepsilon}{m}\right)^{-\frac{N}{2}} \sqrt{\frac{\pi^{N-1}}{N\left(\frac{m}{2\varepsilon i}\right)^{N-1}}} \exp\left[\frac{im}{2N\varepsilon}(y - x)^2\right] \\ &= \lim_{\varepsilon \to 0} \sqrt{\frac{m}{2\pi i(t - t_0)}} \exp\frac{im(y - x)^2}{2(t - t_0)} \\ &= Ce^{iS_{cl}} \end{aligned}$$

其 S_{cl} 即為古典作用積分（試証明）

應用例　簡諧振子的 Kernel

令

$$x = x_\psi + y$$

其中 x_ψ 為古典軌跡，則 kernel 為

$$\begin{aligned}K &= \int [dx] e^{iS[x]} \\ &= e^{iS[x_\psi]} \cdot \int [dy] e^{i\int dt \frac{-m}{2} y(\partial t^2 + \omega^2) y} \\ &= e^{iS_\psi} \cdot \int dy e^{-\int dt y \hat{o} y} \\ &= e^{iS_\psi} \cdot \left\{\det\left(\frac{\hat{o}}{\pi}\right)\right\}^{\frac{-1}{2}}\end{aligned}$$

此處令 $\hat{o} = \frac{+im}{2}(\partial t^2 + \omega^2)$ 及利用泛函積分（functional integration），其中

$$S_\psi = \frac{m}{2} \frac{\omega}{\sin\omega(t_1 - t_0)} [(x_1^2 + x_0^2)\cos\omega(t_1 - t_0) - 2x_1 x_0]$$

及令 $T = t_1 - t_0$

$$\begin{aligned}\det\frac{\hat{o}}{\pi} &= \prod_n \frac{m}{2\pi i}\left[\left(\frac{n\pi}{T}\right)^2 - \omega^2\right] \\ &= \prod_n \frac{m}{2\pi i}\left(\frac{n\pi}{T}\right)^2 \cdot \prod_n \left(1 - \left(\frac{\omega T}{n\pi}\right)^2\right) \\ &= \frac{2\pi i T}{m} \cdot \frac{\sin\omega T}{\omega T}\end{aligned}$$

代入積分得

$$K = \sqrt{\frac{m\omega}{2\pi i \sin\omega(t_1 - t_0)}}\, e^{\frac{im}{2}\frac{\omega}{\sin\omega(t_1 - t_0)}[(x_1^2 + x_0^2)\cos\omega(t_1 - t_0) - 2x_1 x_0]}$$

如定義 $x_1 = x$，$T = t_1 - t_0$，及展開

$$K = \sqrt{\frac{m\omega}{\pi}}\, e^{-i\omega T/2}(1 - e^{-2i\omega T})^{\frac{-1}{2}} \exp\left\{\frac{-m\omega}{2}\left[(x^2 + x_0^2)\frac{1 + e^{-2i\omega T}}{1 - e^{-2i\omega T}} - \frac{4xx_0\, e^{-i\omega T}}{1 - e^{-2i\omega T}}\right]\right\}$$

$$= \sqrt{\frac{m\omega}{\pi}}\, e^{-i\omega T/2}\left(1 + \frac{1}{2}\, e^{-2i\omega T} + ...\right)$$

$$\exp\left\{\frac{-m\omega}{2}\left[(x^2 + x_0^2)(1 + 2e^{-2i\omega T} + ...) - 4xx_0 e^{-i\omega T}(1 + 2e^{-2i\omega T} + ...)\right]\right\}$$

$$= \sqrt{\frac{m\omega}{\pi}}\, e^{-i\omega T/2} \exp\frac{-m\omega}{2}(x^2 + x_0^2)\left(1 + \frac{1}{2}\, e^{-2i\omega T} + ...\right)$$

$$(1 - m\omega(x^2 + x_0^2)e^{-2i\omega T} + ...)(1 + 2m\omega x x_0 e^{-i\omega T} + ...)$$

令

$$K = \sum_n e^{-iE_0 T}\phi_0(x)\,\phi_n^*(x_0)$$

比較後得基態解

$$E_0 = \frac{\omega}{2}\text{，}\phi_0(x) = \left(\frac{m\omega}{\pi}\right)^{1/4} \exp\left(-\frac{m\omega}{2}x^2\right)$$

及第一激發態

$$E_1 = \frac{3\omega}{2}\text{，}\phi_1(x) = \sqrt{2m\omega}\, x\left(\frac{m\omega}{\pi}\right)^{1/4} \exp\left(-\frac{m\omega}{2}x^2\right)$$

及其它高激發態解，即得定態解。

4.3 散射理論

4.3.1 波恩級數（Born series）的形成

由於

$$\exp\left[-\frac{i}{\hbar}\int_{t_i}^{t_f}V(x,\ t)\,dt\right]=1-\frac{i}{\hbar}\int_{t_i}^{t_f}V(x,\ t)dt-\frac{1}{2!\,\hbar^2}\left[\int_{t_i}^{t_f}V(x,\ t)dt\right]^2+\cdots$$

利用微擾法

$$K=K_0+K_1+K_2+\cdots$$

第零階 kernel 為

$$\begin{aligned}K_0&=N\int\exp\left(\frac{i}{\hbar}S_0\right)D_x\\&=N\int\exp\left(\frac{i}{\hbar}\int\frac{1}{2}m\dot{x}^2\,dt\right)D_x\\&=\lim_{\tau\to0}\left(\frac{m}{i\hbar\tau}\right)^{\frac{n+1}{2}}\int_{-\infty}^{\infty}\prod_{j=1}^{n}dx_j\exp\left[\frac{im}{2\hbar\tau}\sum_{j=0}^{n}(x_{j+1}-x_j)^2\right]\\&=\left(\frac{m}{i\hbar(t_f-t_i)}\right)^{1/2}\exp\left[\frac{im(x_f-x_i)^2}{2\hbar(t_f-t_i)}\right],\ t_f>t_i\\&=\Theta(t_f-t_i)\left(\frac{m}{i\hbar(t_f-t_i)}\right)^{1/2}\exp\left[\frac{im(x_f-x_i)^2}{2\hbar(t_f-t_i)}\right]\end{aligned}$$

即自由電子之 kernel，其中

$$S_0=\int\frac{1}{2}m\dot{x}^2\,dt$$

$$(n+1)\tau=t_f-t_i$$

令 $N\equiv\frac{m}{i\hbar\tau}$ ，第一階 kernel 為

$$K_1 = \frac{-i}{\hbar} \lim_{n \to \infty} N^{\frac{n+1}{2}} \sum_{i=1}^{n} \int \exp\left[\frac{im}{2\hbar\tau} \sum_{j=0}^{n} (x_{j+1} - x_j)^2\right] \times V(x_i, t_i) dx_1 \cdots dx_n$$

$$= \lim_{n \to \infty} \frac{-i}{\hbar} \sum_{i=1}^{n} dx_i \times \left\{N^{\frac{n-i+1}{2}} \int \exp\left[\frac{im}{2\hbar\tau} \sum_{j=i}^{n} (x_{j+1} - x_j)^2\right] dx_{i+1} \cdots dx_n\right\}$$

$$\times V(x_i, t_i) \times \left\{N^{\frac{i}{2}} \int \exp\left[\frac{im}{2\hbar\tau} \sum_{j=0}^{i-1} (x_{j+1} - x_j)^2\right]\right\} dx_1 \cdots dx_{i-1}$$

這裡我們把求和分成兩項，一項 $j = 0$ 到 $j = i-1$，另一項 $j = i$ 到 $j = n$.

$$\therefore K_1 = -\frac{i}{\hbar} \int_{t_i}^{t_f} dt \int_{-\infty}^{\infty} dx K_0\,(x_f t_f\,; xt)\, V\,(x, t)\, K_0\,(xt\,; x_i\, t_i)$$

$$= -\frac{i}{\hbar} \int_{-\infty}^{\infty} dt \int_{-\infty}^{\infty} dx K_0\,(x_f t_f\,; xt)\, V\,(x, t)\, K_0\,(xt\,; x_i\, t_i)$$

由於 $K_0(x_f t_f; xt)$ 在 $t > t_f$ 及 $K_0(xt; x_i t_i)$，在 $t < t_i$ 為零，則得（圖 4.3）

$$K_2 = \left(-\frac{i}{\hbar}\right)^2 \int_{-\infty}^{\infty} dt_1 \int_{-\infty}^{\infty} dt_2 \int_{-\infty}^{\infty} dx_1 \int_{-\infty}^{\infty} dx_2\ \cdot$$

$$K_0\,(f, 2)\, V(2)\, K_0(2, 1)\, V(1)\, K(1, i)$$

……

$$K_n = \left(-\frac{i}{\hbar}\right)^n \int_{-\infty}^{\infty} dt_1 \int_{-\infty}^{\infty} dx_1 \cdots \int_{-\infty}^{\infty} dt_n \int_{-\infty}^{\infty} dx_n\ \cdot$$

$$K_0\,(f, n)\, V\,(n)\, K_0\,(n, n-1) \cdots V(2)\, K(2, 1)\, V(1)\, K(1, i)$$

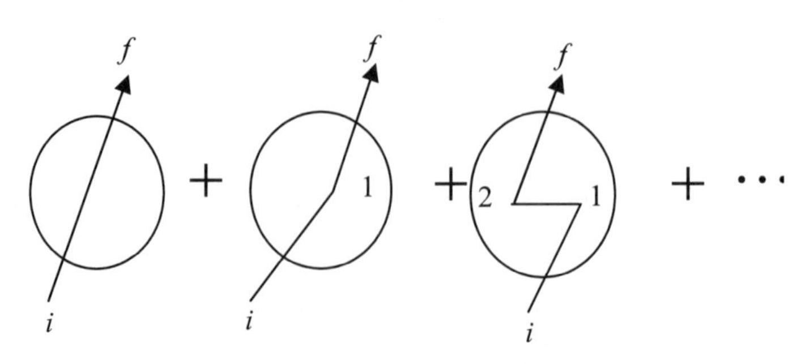

圖 4.3　作用積分的微擾展開

此即波恩級數，這裡略去 $\frac{1}{n!}$ 的原因是在 K_n 中作用於不同時間 V 的是不可區分的（indistinguishable），例如

$$\begin{aligned}
&\frac{1}{2!}\int V(t')V(t'')dt'dt'' \\
&=\frac{1}{2!}\int [\Theta(t'-t'')V(t')V(t'')+\Theta(t''-t')V(t')V(t'')]dt'dt'' \\
&=\int \Theta(t_1-t_2)V(t_1)V(t_2)dt_1dt_2
\end{aligned}$$

4.3.2 和水丁格方程式的關係

現在我們要証明 K_0 即為水丁格方程式中的格林函數，由於

$$\begin{aligned}
\psi(x_ft_f)&=\int K(x_ft_f;x_it_i)\psi(x_it_i)dx_i \\
&=\int K_0(f,i)\psi(x_it_i)-\frac{i}{\hbar}\int K_0(f,i)V(t)K_0(t,i)\psi(x_it_i)dtdxdx_i+\cdots \\
&=\int K_0(f,i)\psi(x_it_i)dx_i-\frac{i}{\hbar}\int K_0(f,i)V(t)\psi(x,t)dxdt
\end{aligned}$$

這是對於 ψ 的積分方程式，稱為水文格－李普曼（Schwinger-Lippmann）方程式，如果 $t_i\to-\infty, \psi=\phi$，即一平面波，此時第一項可得

$$\psi(x_f,t_f)=\phi(x_ft_f)-\frac{i}{\hbar}\int K_0(f,i)V(t)\psi(x,t)dxdt$$

因為 $\psi(x_f,t_f)$ 滿足水丁格方程式

$$\frac{\hbar^2}{2m}\nabla_{xf}\psi(x_f,t_f)+i\hbar\frac{\partial}{\partial t_f}\psi(x_f,t_f)=V(x_ft_f)\psi(x_f,t_f)$$

而 $\phi(x_ft_f)$ 滿足自由粒子水丁格方程式

$$\left(\frac{\hbar^2}{2m}\nabla_{xf}^2+\psi i\hbar\frac{\partial}{\partial t_f}\right)K_0(x_ft_f,xt)=i\hbar\delta(x_f-x_i)\delta(t_f-t_i)$$

比較格林函數的定義即得 K_0 即為格林函數。所以路徑積分法和水丁格方程式是等同的。

4.3.3 S 矩陣的形成

散射理論中所使用邊界條件一般利用絕熱假設及漸近假設（adiabatic hypothesis and asymptotic assumption），即作用為緩變且在無限過去和未來趨近零。即有兩漸近波函數有自由態解

$$\left.\begin{matrix}\psi^{(+)} t\to-\infty & \text{自由} \\ \psi^{(-)} t\to+\infty & \text{自由}\end{matrix}\right\}$$

令起始態 $\psi_{in}(x_i, t_i)$ 為平面波，而末態為 $\psi_{out}(x_f, t_f)$

$$\psi^{(+)}(x_f, t_f)=\int K_0(x_f t_f; x_i t_i)\psi_{in}(x_i, t_i)dx_i -$$

$$\frac{i}{\hbar}\int K_0(f, t)V(t)K_0(t, i)\psi_{in}(i)dxdx_i dt+\cdots$$

此為延遲解（Retarded $K_0(t, t')=0$ for $t'>t$）

$$\psi^{(-)}(x_i, t_i)=\int K_0(x_i, t_i; x_f, t_f)\psi_{out}$$

$$-\frac{i}{\hbar}\int K_0(i, t)V(t)K_0(t, f)\psi_{out}(i)dxdx_i d\tau+\cdots$$

此為前進解（Advanced $K_0(t, t')=0$ for $t'<t$）

散射振幅（scattering amplitude）S 為

$$S=\int \psi^*_{out}(x_f t_f)\psi^{(+)}(x_f, t_f)dx_f$$

$$=\int \psi^*_{out}K_0(f, i)\psi_{in}dx_i dx_f-\frac{i}{\hbar}\int \psi^*_{out}K_0(f, i)V(t)K_0\ldots$$

$$=\int \psi^*_{out}\phi(x_f, t_f)dx_f-\frac{i}{\hbar}\int \psi^*_{out}K_0(f, i)V(t)K_0\ldots$$

如初態和末態之動量為 $p_i=\hbar k_i$, $p_f=\hbar k_f$

$$\begin{cases} \psi_{in}(x,\ t)=\dfrac{1}{\sqrt{\tau}}\exp\left[\dfrac{i}{\hbar}(p_i\cdot x-E_i\cdot t)\right] \\ \psi_{out}(x,\ t)=\dfrac{1}{\sqrt{\tau}}\exp\left[\dfrac{i}{\hbar}(p_f\cdot x-E_f\cdot t)\right] \end{cases}$$

而 $E=\dfrac{p^2}{2m}$，τ是用來歸一化所取箱子的體積，則有

$$\begin{aligned} S_{fi} &= \delta(k_i-k_f)-\frac{i}{\hbar}\int \psi^*_{out}(f)K_0(f,i)V(t)K_0(t,i)\psi_{in}(i)dx_f dx\, dx_i dt \\ &= \langle f|S|i\rangle \end{aligned}$$

這稱為 S －矩陣。

附錄一　希爾伯特空間及狄拉克符號

希爾伯特（Hilbert）空間是一個基於複數域的向量空間，為一抽象數學空間，實務上，我們使用是一無限可微分勒貝格（Lebesgue）平方可積複數域的函數，即波函數 $\psi(\vec{r}),\ \vec{r}\in \mathbf{R}^3$，例如一維坐標的函數空間即為 $C^{\infty}(a, b)\equiv\{\psi(x)|x\in[a, b]\}$ 此函數為平方可積（square integrable），即內積（inner product）

$$\int_a^b \psi^*(x)\psi(x)\,dx$$

為一有限數，因而此函數可歸一化，而一函數若為勒貝格可積，則存在一系列束縛型的步階函數（bound step functions）$f_n(x)$ 使得 $n\to\infty$ 時，此系列步階函數之積分趨近 $\psi(x)$ 之積分，即

$$\lim_{n\to\infty}\int_a^b f_n(x)\,dx=\int_a^b \psi(x)\,dx$$

數學上用 $H=L^2(\mathbf{R}^3)$ 表示希爾伯特空間的這些特性。

由於在運算上經常需要用到積分（例如做函數的內積），有一套方便的符號規則，稱為狄拉克（Dirac）符號，可茲利用。簡述如下，希爾伯特空間的元素（即向量）可用右矢（ket）表示，如表示的是波函數 ψ，即用 $|\psi\rangle$ 代表，如欲表示內積，則定義倒置空間（reciprocal space），其中向量元素可用左矢（bra）表示，如表示的是波函數 ϕ，即用 $\langle\phi|$ 代表。則內積可定義為 $\langle\phi|\psi\rangle$，其為一純複數量，而有下列特性

(1) $\langle\phi|\psi\rangle^*=\langle\psi|\phi\rangle$，轉置共軛（transposed conjugate）

(2) $\langle\psi|\psi\rangle\geq 0$，即正定性（positive definite）

(3) $\langle\psi|\psi\rangle=0$，則 $|\psi\rangle=0$，即零向量（null vector）

由於 $\mathbf{R}^3$ 亦為一向量空間，則可定義位置（以一維坐標為例）所對應的右矢 $|x\rangle$ 及左矢 $\langle x|$，如指定波函數為 $\psi(x)=\langle x|\psi\rangle$，則利用 δ 函數（見附錄三）

$$\psi(x) = \int_{-\infty}^{\infty} \delta(x - x')\psi(x')dx$$

$$= \int_{-\infty}^{\infty} \langle x \mid x' \rangle \langle x' \mid \psi \rangle$$

$$= \langle x \mid \psi \rangle$$

即可視為有下列完備性或封閉性條件

$$1 = \int_{-\infty}^{\infty} \mid x \rangle \langle x \mid dx$$

或稱 $\hat{P} = \mid x \rangle \langle x \mid$ 為一投影算符，而有

$$\int \hat{P}\, dx = 1$$

利用狄拉克符號，則波函數歸一化條件可寫為

$$\langle \psi \mid \psi \rangle = \int_{-\infty}^{\infty} \langle \psi \mid x \rangle \langle x \mid \psi \rangle \; dx$$

$$= \int_{-\infty}^{\infty} \psi^*(x)\psi(x)dx = 1$$

而算符 $\hat{Q}$ 的觀測值可寫為

$$\langle \psi \mid \hat{Q} \mid \psi \rangle = \int dx \int dx' \langle \psi \mid x \rangle \langle x \mid \hat{Q} \mid x' \rangle \langle x' \mid \psi \rangle$$

$$= \int dx \int dx' \; \langle \psi \mid x \rangle \; \hat{Q}_s \, \delta\,(x - x') \; \langle x' \mid \psi \rangle$$

$$= \int dx \, \psi^*\,(x)\, \hat{Q}\, \psi\,(x)$$

$$= \langle Q \rangle$$

此即在坐標空間中之表示。由此可知狄拉克符號實為一種方便表示積分的方法。

在希爾伯特空間中運算之算符（operator）中，我們最有興趣的是所謂

赫密算符（Hermitian operators），尤其是赫密算符 $\hat{Q}$ 的特徵值問題。

$$\hat{Q}|q\rangle = q|q\rangle$$

其中 q 代表特徵值（eigenvalue），而 $|q\rangle$ 代表特徵向量（eigenvector），這是由於有以下性質：

(1)q 為實數，這是由於 $\langle a|\hat{Q}|b\rangle = \langle b|\hat{Q}^{+}|a\rangle^{*}$，其中 $\hat{Q}^{+}$ 稱為 $\hat{Q}$ 的伴算符（adjoint operator），由於大多數赫密算符為自伴（self-adjoint）算符，即 $\hat{Q}^{+} = \hat{Q}$，則有 $\langle q|\hat{Q}|q\rangle = q = q^{*} = \langle q|\hat{Q}^{+}|q\rangle$ 即 q 為實數。

(2)如 $|q\rangle$ 和 $|q'\rangle$ 為兩線性獨立（linearly independent）之特徵向量，且其特徵值不同，則 $\langle q'|q\rangle = 0$，即正交性（練習証明）

事實上可証明一赫密算符之所有特徵向量，形成一完全正交歸一化集（complete orthonormal set）（即完備集）因此可做為展開向量之基底（basis）。即

$$1 = \sum_{q} |q\rangle\langle q|$$

$$|\psi\rangle = \sum_{q} |q\rangle\langle q|\psi\rangle$$

利用以上這種數學性質，可以証明兩對易算符（commutable operators）之特徵向量集最多只差一常數因子。證明如下，如

$$\hat{Q}|q\rangle = q|q\rangle$$

而如果算符 $\hat{R}$ 和 $\hat{Q}$ 可對易，即

$$[\hat{Q}, \hat{R}] = \hat{Q}\hat{R} - \hat{R}\hat{Q} = 0$$

則

$$\hat{R}\hat{Q}|q\rangle = \hat{Q}\hat{R}|q\rangle = q\hat{R}|q\rangle$$

即 $\hat{R}|q\rangle$ 亦為 $\hat{Q}$ 之特徵向量，而有與 $|q\rangle$ 相同之特徵值 q。即 $\hat{R}|\rangle q$ 和 $|q\rangle$ 最多差一常數因子（即為線性相關），或另定義本徵值 r 而有

$$\hat{R}\,|q, r\rangle = r|q, r\rangle$$

即 $\hat{R}$ 之特徵解亦為 $\hat{Q}$ 之特徵解（即共同本徵解），而得証。關於赫密算符的一個特例即上述坐標空間亦可視 $|x\rangle$ 為算符 $\hat{x}$ 之特徵解，即

$$\hat{x}|x\rangle = x|x\rangle$$
$$\langle x'|x\rangle = \delta(x' - x)$$

所以利用狄拉克符號進行基底轉換是最方便的。

練習：求坐標空間中動量算符特徵值及特徵波函數，即

$$\hat{p}\,|p\rangle = p|p\rangle$$

$$\langle x|p\rangle = \frac{1}{\sqrt{2\pi}}e^{ipx}$$

注意有下列歸一化條件

$$\langle p'|p\rangle = \delta(p - p')$$

如利用狄拉克符號水丁格方程式可寫為

$$i\hbar\frac{\partial}{\partial t}|\psi(t)\rangle = \hat{H}|\psi(t)\rangle$$

或形式上

$$|\psi(t)\rangle = e^{-it\hat{H}/t}|\psi(0)\rangle \equiv \hat{U}(t, t_0 = 0)|\psi(0)\rangle$$

其中 $\hat{U}$ 為一么正算符（unitary operator），稱為傳播子（propagator）或時移（time-evolution）算符。在此建構法中波函數為含時的而算符不含時，稱為水丁格表象。另有一種表象使用下列定義

$$|\psi_H\rangle \equiv e^{it\hat{H}/\hbar}|\psi(t)\rangle = \hat{U}^{+}|\psi(t)\rangle$$

$$\hat{Q}_H(t) = e^{it\hat{H}/\hbar}\hat{Q}\,e^{-it\hat{H}/\hbar} = \hat{U}^{+}\hat{Q}\,\hat{U}$$

則

$$i\hbar\frac{d}{dt}\hat{Q}_H = -\hat{H}\hat{Q}_H + \hat{Q}_H\hat{H} = [\hat{H}, \hat{Q}_H]$$

稱為海森堡（Heisenberg）方程式，用來描述算符的時移，即波函數不含時，而算符含時，此稱為海森堡表象，注意〈Q〉在這兩種表象下是相同的（練習証明）。

附錄二　基本機率理論

1.機率（probability）

機率概念最早來自於對於隨機現象（random phenomena）發生的頻率（frequency）予以計數，如在一連串隨機試驗（random experiment）中可能的結果，稱為樣本（sample），其出現的次數可計量，則可利用發生的頻率代表機率，即機率可定義為

$$P_i=\frac{n_i}{N}$$

其中 n_i 是可能的結果 i 在 N 次重覆相同試驗中出現的次數。i 稱為離散隨機變數（discrete random variable），機率 P_i 為 i 的函數，稱為機率分配函數（probability distribution function），具有下列特性

(1)$P_i\geq 0$；正定性（positive definite）

(2)$P_i\leq 1$；有上界（upper bound）

(3)$\sum_i P_i=1$；歸一化（normalization）或封閉性（closure）

這稱為拉普拉斯古典機率（Laplace classical probability）。

所有的樣本形成一空間叫樣本空間（sample space）S，如 A 為樣本空間一子集合（subset）稱為事件（event），則機率可定義為

$$P(A)=\frac{n(A)}{N}$$

其中 $N=n(S)$ 為樣本總數稱為樣本數（sample number），而 $n(A)$ 為集合 A 中元素的數目，稱為事件數（event number）。但有限樣本空間在應用上略嫌不足，van Mises 在 1920 年以極限（limit）定義機率為

$$P(A)=\lim_{n\to\infty}\frac{n(A)}{N}$$

所以樣本空間可以展延成可數無限集。關於機率理論的公理化（aximization）是 1930 年代由 Kolmogorov 建構，將樣本空間拓展成不可數

無限集後加入勒貝格積分論則開啟了之後的測度論（Theory of measure）。

應用例　求在樣本空間 $S=\{(x,y):|x|+|y|\leq 100\}$，事件 $A=\{(x,y):|x|+|y|<100\}$之機率。

解答：令 N_k 為$|x|+|y|=k$ 解的數目，注意 $N_0=1$（即 $x=y=0$），現將證明如果 $k\geq 1$，$N_k=4k$，證明：對一固定 k，直接計數

$x=\pm k$，　　$y=0\Rightarrow 2$

$x=\pm(k-1)$，$y=\pm 1\Rightarrow 2$

$x=\pm(k-2)$，$y=\pm 2\Rightarrow 2$

$\vdots$

$x=\pm 1$，　　$y=\pm(k-1)\Rightarrow 2$

$x=0$，　　$y=\pm k\Rightarrow 2$

即 $N_k=2+2\times(2k-1)=4k$ 得証，因此

$$n=\sum_{k=0}^{100}N_k=20201 \qquad n(A)=\sum_{k=0}^{99}N_k=19801$$

應用例　求自然數集（Set of Natural Number）中一數為 5 的倍數之機率 $P(A=\{p,p=5q\})$

解答：因任一自然數可寫為

$$n=5q+r，0\leq r\leq 4$$

則

$$P(A)=\lim_{n\to\infty}\frac{q}{n}=\lim_{n\to\infty}\frac{q}{5q+r}=\lim_{n\to\infty}\frac{\frac{1}{5}(n-r)}{n}=\frac{1}{5}$$

如利用集合論，條件機率（condition probability）的定義如下：

$$P(B\,|\,A)=\frac{P(A\cap B)}{P(A)}$$

定義為在條件 A 下 B 發生的機率。關於條件機率有一重要的定理，稱為貝氏（Bayes）定理：如果

$$\bigcup_{j=1}^{n} A_j = S \text{ 及 } A_i \cap A_j = \phi \text{，} i \neq j$$

$$P(B) > 0 \text{，} P(A_j) > 0 \text{，} j = 1, 2, ..., n$$

則

$$P(A_i|B) = \frac{P(B|A_i)P(A_i)}{\sum_{j=1}^{n} P(B|A_j)P(A_j)}$$

2.平均值

對於連續隨機變數 u，可定義機率密度（probability density）如下：即，$p(u)du$ = 事件在 u 和 $u + du$ 間出現之機率，其中 $p(u)$ 即為機率密度函數

利用機率密度函數，可定義下列常用的量：

(1)平均值（average, mean value）或期望值（expectation value）

$$\overline{f(u)} = \frac{\int f(u)p(u)\,du}{\int p(u)\,du} = \langle f \rangle$$

其中 $f(u)$ 為任一 u 之函數。$\overline{f(u)}$ 稱為 $f(u)$ 之平均值。如 $f(u)$ 為冪次函數（power function）

$$f(u) = u^m$$

則 $\overline{u^m}$ 稱為第 m 階矩（m-th moment）。

(2)中值（median）

如有一特別之 u_m 使得

$$\int_{u<u_m} p(u)\,du = \int_{u>u_m} p(u)\,du$$

則 u_m 稱為中值，注意中值不等於 $\overline{u}$（即 u 之平均值）。

(3)最可能結果（the most probable outcome）

如有 $u_{\max}$ 使得 $p(u_{\max}) \geq p(u)$，則 $u_{\max}$ 稱為最可能結果。

(4)個別差（individual deviation），變異數（variance）及標準差（standard deviation）

對任意 u，$\Delta u \equiv u - \bar{u}$ 稱為個別差，注意個別差之平均值為零，即

$$\overline{\Delta u} = \overline{u - \bar{u}} = 0$$

變異數定義為

$$\sigma^2 \equiv \overline{(\Delta u^2)}$$

可証明

$$\sigma^2 = \overline{u^2} - \bar{u}^2$$

標準差定義為

$$\sigma = \sqrt{\overline{u^2} - \bar{u}^2}$$

3.二項式分布，泊松分布，高斯分布

(1)二項式分布（binomial distribution）

$$P(m) = C_m^n p^m (1-p)^{n-m}$$

其中 $C_m^n = \dfrac{n!}{(n-m)!\ m!} = \begin{pmatrix} n \\ m \end{pmatrix}$ 為組合數（combination number）

(2)高斯（Gaussian）分布

對於大的 n，$n! \sim \sqrt{2\pi n}\left(\dfrac{n}{e}\right)^n \left(1 + \dfrac{1}{12n} + \dfrac{1}{288n^2} + \cdots\right)$，稱為史特林（Stirling）公式，則得

$$P(m) \to \frac{1}{\sqrt{2\pi n}} \begin{pmatrix} m \\ n \end{pmatrix}^{-m-\frac{1}{2}} \begin{pmatrix} n-m \\ n \end{pmatrix}^{-n+m-\frac{1}{2}} p^m (1-p)^{n-m}$$

$$= \frac{1}{\sqrt{2\pi n}} \exp\left[-\left(m + \frac{1}{2}\right) \ln \frac{m}{n} - \left(n - m + \frac{1}{2}\right) \ln \frac{n-m}{n}\right.$$

$$+m\ln p+(n-m)\ln(1-p)\Big]$$

令 $m=np+\xi$，$\xi \ll \text{np}$，則

$$P(m)=\frac{1}{\sqrt{2\pi n}}\frac{1}{\sqrt{p(1-p)}}\exp\left[-\frac{1}{2}\cdot\frac{\xi^2}{np(1-p)}\right]=\frac{1}{\sqrt{2\pi\sigma}}\exp\left(-\frac{1}{2}\frac{\xi^2}{\sigma^2}\right)$$

$$\sigma\equiv\sqrt{np(1-p)}$$

(3)泊松（Poisson）分布

如令

$$n\to\infty,\ p\to 0,\ np=a$$

因為

$$\frac{n!}{(n-m)!}\to n^m,\ (1-p)^{n-m}\to(1-p)^{a/p}\to e^{-a}$$

則得

$$P(m)=\frac{a^m e^{-a}}{m!}$$

附錄三 δ函數

1.δ函數的定義

所謂的 δ 函數（或應稱泛函（functional）、廣義函數（generalized function））有下列性質（一維）

$$\begin{cases} \delta(x-x')=0, x \neq x' & (1) \\ \int_{-\infty}^{\infty} \delta(x-x')\,dx=1 & (2) \end{cases}$$

注意到性質(2)可以用較寬條件取代

$$\int_{x'-\varepsilon}^{x'+\varepsilon} \delta(x-x')\,dx=1 \qquad (2)'$$

其中 ε 為一不為零（可為任意小）的正實數。利用這些特性可以証明對任一函數$f(x)$，有

$$\int_{-\infty}^{\infty} f(x)\,\delta(x-x')\,dx=f(x')$$

或

$$\int_{x'-\varepsilon}^{x'+\varepsilon} f(x)\,\delta(x-x')\,dx=f(x')$$

δ 函數在 $x=x'$ 時無定義，故不為一般函數，較嚴格應稱為泛函或廣義函數。

2.δ函數用一般函數表示

雖然 δ 函數不是一般函數，但卻可以用一般函數來表示。首先注意到任一函數可由一組完備正交函數集來展開（此稱為完備集定理），即

$$f(x)=\sum_n a_n\phi_n(x)$$

$$a_n=\int_{-\infty}^{\infty} \phi_n^*(x)f(x)\,dx$$

其中$\{\phi_n(x)\}$即為一正交集，即

$$\int_{-\infty}^{\infty} \phi_n^*(x)\,\phi_m(x)\,dx = \delta_{nm}$$

又一般也要求歸一化

$$\int_{-\infty}^{\infty} |\phi_n(x)|^2\,dx = 1$$

上述公式對分立集（即 n 為整數）適用，如對連續集

$$\begin{cases} f(x) = \int_{-\infty}^{\infty} a(k)\phi_k(x)\,dk \\ a(k) = \int_{-\infty}^{\infty} \phi_k^*(k)\,f(x)\,dx \end{cases}$$

$\{\phi_k(x)\}$ 集的正交歸一性質則為

$$\int_{-\infty}^{\infty} \phi_k^*(x)\,\phi_{k'}(x)\,dx = \delta(k-k')$$

即

$$\int_{-\infty}^{\infty}\phi_k^*(x)\int_{k-\varepsilon}^{k+\varepsilon}\phi_{k'}(x)\,dkdx = 1$$

利用 δ 函數的完備集展開，即可得到 δ 函數的一般函數表示法。設

$$\delta(x-x') = a_n\phi_n(x)$$

$$a_n = \int_{-\infty}^{\infty} \phi_n^*(x)\,\delta(x-x')\,dx = \phi_n^*(x')$$

$$\delta(x-x') = \sum_n \phi_n^*(x')\,\phi_n(x)$$

又如

$$\delta(x-x') = \int_{-\infty}^{\infty} a(k)\,\phi_k(x)\,dk$$

$$a(k) = \int_{-\infty}^{\infty} \phi_k^*(x)\,\delta(x-x')\,dx = \phi_k^*(x')$$

$$\delta(x-x') = \int_{-\infty}^{\infty} \phi_k^*(x)\,\phi_k(x)\,dk$$

例一：例如箱中粒子解（限制在$\left[-\frac{a}{2}, \frac{a}{2}\right]$間）為

$$\phi_n(x) = \sqrt{\frac{2}{a}} \cos\frac{(2n+1)}{a}\pi x$$
$$n = 0, 1, 2, \ldots, -\frac{a}{2} \le x \le \frac{a}{2}$$

則由上式取$x' = 0$

$$\delta(x) = \sum_{n=0}^{\infty}\left[\sqrt{\frac{2}{a}} \cos\frac{(2n+1)}{a} \cdot \pi \cdot 0 \cdot \sqrt{\frac{2}{a}} \cos\frac{(2n+1)}{a}\pi x\right]$$
$$= \frac{2}{a}\sum_{n=0}^{\infty} \cos\frac{(2n+1)}{a}\pi x$$

注意到

$$\int_{-\infty}^{\infty}\left(\frac{2}{a}\sum_{n=0}^{\infty}\cos\frac{(2n+1)}{a}\pi x\right)dx$$
$$= \frac{2}{a}\sum_{n=0}^{\infty}\int_{-a/2}^{a/2}\cos\frac{(2n+1)}{a}\pi x dx$$
$$= \frac{4}{\pi}\sum_{n=0}^{\infty}\frac{(-1)^n}{2n+1} = 1$$

即δ函數之性質(2)。三維的δ函數可表示為

$$\delta(\vec{r} - \vec{r}') = \frac{1}{r^2}\delta(r - r')\sum_{\ell, m} Y^*_{\ell m}(\hat{r}')\, Y_{\ell m}(\hat{r})$$

其中 $Y_{\ell m}(\hat{r})$ 為球諧函數（見附錄五）

3.δ函數表示為一般函數的極限情況

例如可表示為

$$\delta(x) = \lim_{L\to\infty}\frac{\sin xL}{\pi x} = \frac{1}{2\pi}\int_{-\infty}^{\infty} e^{ikx}\,dk$$
$$x\to 0, f(x) = \sin L/\pi x \to \frac{L}{\pi} \to \infty$$

而其積分（需利用圍道（contour）積分）

$$\int_{-\infty}^{\infty}\lim_{L\to\infty}\frac{\sin xL}{\pi x}dx=\lim_{L\to\infty}\int_{-\infty}^{\infty}\frac{\sin xL}{\pi x}dx = 1$$

又例如可表示為

$$\delta(x)=\lim_{\sigma\to 0}\frac{1}{\sqrt{2\pi\sigma}}e^{-x^2/2\sigma^2}$$

$$x\to 0, f(x)=\frac{1}{\sqrt{2\pi\sigma}}e^{-x^2/2\sigma^2}\to\frac{1}{\sqrt{2\pi\sigma}}\to\infty$$

而其積分

$$\int_{-\infty}^{\infty}\lim_{\sigma\to 0}\frac{1}{\sqrt{2\pi\sigma}}e^{-x^2/2\sigma^2}dx=\lim_{\sigma\to 0}\frac{1}{\sqrt{2\pi\sigma}}\cdot\sqrt{2\pi\sigma} = 1$$

又例如可表示為

$$\delta(x)=\lim_{a\to 0}\frac{1}{\pi}\cdot\frac{a}{x^2+a^2}$$

留給讀者去驗證此式亦滿足 δ 函數之定義。

附錄四　原子單位

由波耳模型得出的各物理量（例如位置、速度、能量……等）可以藉由定義一個新的單位系統改寫成所謂的尺律（scaling law）。例如 $Z = 1, k = 1,$ $\mu = m_e$ 電子質量

$$r_n = n^2 \cdot \left(\frac{\hbar^2}{e^2 m_e}\right)$$

$$v_n = n^{-1} \cdot \left(\frac{e^2}{\hbar}\right)$$

$$E_n = \frac{1}{2} n^{-2} \cdot \left(\frac{e^4 m_e}{\hbar^2}\right)$$

如取括弧內為距離、速度及能量之原子單位，即

$$a_0 \equiv \frac{\hbar^2}{e^2 m_e} = 0.5291\text{Å}$$

$$v_0 = \frac{e^2}{\hbar} \equiv \alpha c = 2.188 \times 10^8 \text{cm/s}$$

$$E_0 = \frac{e^4 m_e}{\hbar^2} \equiv 2R_y = 27.21\text{eV}$$

其中 $\alpha = 1/137.04$ 為精細結構常數（fine structure constant），R_y 為芮得柏能量常數（Rydberg energy constant），而有

$$R_y = hcR$$

R 為芮得柏常數，則位置、速度及能量之尺律為

$$r_n = n^2 a_0$$
$$v_n = n^{-1} v_0$$
$$E_n = \frac{1}{2} n^{-2} E_0$$

由此可定義時間及頻率之單位

$$t_0 \equiv \frac{a_0}{V_0} = 2.419 \times 10^{-17}\,\text{sec}$$

$$\nu_0 \equiv \frac{V_0}{a_0} = 4.134 \times 10^{16}\,\text{Hz}$$

如此即可定出其他物理量之單位（如下表）

物理量	數值
質量	9.10953×10^{-28} g
電荷	1.60219×10^{-19} C
角動量	6.58218×10^{-16} eV・sec
動量	1.99288×10^{-19} g cm/sec
波數	2.19474×10^{5} /cm
電場	5.14225×10^{9} V/cm
磁場**	2.35054×10^{9} Gauss

**磁場單位在各本書上定義有些差異，要注意。

附錄五　常用特殊函數性質

1.Gamma 函數或稱歐拉（第二）積分

$$\Gamma(z) \equiv \int_0^\infty e^{-t} t^{z-1} dt \text{，} Re(z) > 0$$

$$\Gamma(1) = 1 \text{，} \Gamma\left(\frac{1}{2}\right) = \sqrt{\pi} \doteq 1.77$$

$$\Gamma(z) \to \infty \text{ if } z \to -n,\ n = 1, 2, 3 \ldots.$$

$$\lim_{z \to -n} (z + n)\Gamma(z) = \frac{(-1)^n}{n!}$$

$$\Gamma(1 + z) = z\Gamma(z) \equiv z!$$

$$\Gamma(1 + z)\Gamma(1 - z) = \frac{\pi z}{\sin \pi z}$$

$$\int_0^\infty e^{-r^2} r^p dr = \frac{1}{2}\Gamma\left(\frac{p+1}{2}\right)$$

2.Beta 函數或稱歐拉第一積分

$$\beta(p, q) \equiv \int_0^1 t^{p-1}(1-t)^{q-1} dt = \int_0^\infty \frac{t^{p-1}}{(1+t)^{p+q}} dt \text{，}$$

$$Re(p) > 0 \text{，} Re(q) > 0$$

$$\beta(p, q) = \frac{\Gamma(p)\Gamma(q)}{\Gamma(p+q)}$$

$$\int_0^{\pi/2} (\cos\theta)^p (\sin\theta)^q d\theta = \beta\left(\frac{p+1}{2}\right)\beta\left(\frac{q+1}{2}\right)$$

3.高斯 Hypergeometric 函數

Hypergeometri 方程式

$$z(1-z)w'' + [\gamma - (\alpha + \beta + 1)z]w' - \alpha\beta w = 0$$

奇點為 $z = 0, 1, \infty$，解為

$$w = F(\alpha, \beta, \gamma; z) = \sum_{n=0}^{\infty} \frac{(\alpha)_n (\beta)_n}{n!\,(\gamma)_n} z^n \text{，} |z| < 1$$

其中

$$(\alpha)_n = \alpha(\alpha+1)\ldots\ldots(\alpha+n-1) = \frac{\Gamma(\alpha+n)}{\Gamma(\alpha)}$$

由於廣義 hypergeometric 函數定義為

$${}_pF_q = {}_pF_q(\alpha_1, \ldots., \alpha_p; \gamma_1, \ldots., \gamma_q; z) = \sum_{n=0}^{\infty} \frac{(\alpha_1)_n \ldots.(\alpha_p)_n}{n!(\gamma_1)_n \ldots.(\gamma_q)_n} z^n$$

所以 hypergeometric 函數是 ${}_2F_1(\alpha_1; \beta; \gamma; z)$。一個特例是如果 $\alpha = -n$，即一負整數，則

$$F(-n, \beta, \gamma, z) = \sum_{k=0}^{n} (-1)^k \binom{n}{k} \frac{(\beta)_k}{(\gamma)_k} z^k$$

稱為賈可比多項式

4.Confluent hypergeometric 函數或 Kummer 函數

$$zM'' + [\gamma - z]M' - \alpha M = 0$$

解

$$M(\alpha, \gamma, z) = {}_1F_1(\alpha, \gamma, z) = \sum_{n=0}^{n} \frac{1}{n!} \frac{(\alpha)_n}{(\gamma)_n} z^n$$

稱為 Kummer 函數或 confluent hypergeometric 函數

一個非常相關的函數為 Whittaker 或 Coulomb 函數

$$w'' + \left[-\frac{1}{4} + \left(\frac{\gamma}{2} - \alpha\right)\frac{1}{z} + \frac{\gamma}{2}\left(1 - \frac{\gamma}{2}\right)\frac{1}{z^2}\right]w = 0$$

$$w'' + \left[-\frac{1}{4} + \frac{k}{2} + \frac{\frac{1}{4} - m^2}{z^2}\right]w = 0$$

其中 $\gamma=1+2m$，$\frac{\gamma}{2}-\alpha=k$，解為 $w=M_{k,\pm m}$，$M_{k,\pm m}$，定義為 Whittaker 函數

$$\begin{cases} M_{k,m}(z)=e^{-\frac{z}{2}}z^{\frac{\gamma}{2}}M(\alpha,\gamma,z) \\ M_{k,-m}(z)=e^{-\frac{z}{2}}z^{1-\frac{\gamma}{2}}M(\alpha-\gamma+1,z-\gamma,z) \end{cases}$$

5.拉蓋耳（Laguerre）函數

拉蓋耳方程

$$zL''+(a+1-z)L'+nL=0$$

其解為拉蓋耳函數

$$L_n^a(z)=(-1)^a\left(\frac{d}{dz}\right)^a L_{n+a}^0(z)=\frac{(\Gamma(a+n+1))^2}{n!\Gamma(a+1)}F(-n,a+1,z)$$

而有下列性質

(1)遞迴式

$$(n+1)L_{n+1}^k=(2n+k+1-x)L_n^k(x)-(n+k)L_{n-1}^k(x)$$

$$x\frac{dL_n^k}{dx}=nL_n^k-(n+k)L_{n-1}^k$$

(2)正交性

$$\int_0^\infty e^{-x}x^kL_n^k(x)L_m^k(x)\,dx=\frac{(n+k)!}{n!}\delta_{mn}$$

(3)產生函數

$$\frac{e^{-xt}(1-t)}{(1-t)^{k+1}}=\sum_{n=0}^{\infty}L_n^k(x)t^n$$

6.勒前德（Legendre）函數

微分方程式

$$(1-x^2)y''-2xy'+n(n+1)y=0,\ n\in R,\ |x|<1$$

稱為 n 階勒前德微分方程（1752~1833 Adrien-Marie Legendre）

解為

$$y = c_0 P_n(x) + c_1 Q_n(x) \quad n = 0, 1, 2, 3, \cdots\cdots$$

而有

$$P_0 = 1 \qquad Q_0 = \frac{1}{2}\ln\left(\frac{1+x}{1-x}\right)$$

$$P_1 = x \qquad Q_1 = \frac{x}{2}\ln\left(\frac{1+x}{1-x}\right) - 1$$

$$P_2 = \frac{1}{2}(3x^2 - 1) \quad Q_3 = \left(\frac{3x^2 - 1}{4}\right)\ln\left(\frac{1+x}{1-x}\right) - \frac{3}{2}x$$

P_n 之表示法，原始級數表示為

$$y = P_n(x) = \sum_{r=0}^{s} \frac{(-1)^r \ (2n-2r)! \ x^{n-2r}}{2^n \ (n-r)! \ r!(n-2r)!}$$

$$= F\left(n+1, -n, 1, \frac{1-x}{2}\right)$$

如 n 為偶數，$s = \dfrac{n}{2}$，如 n 為奇數，$s = \dfrac{n-1}{2}$

(1)Rodrigues 公式

$$P_n(x) = \frac{1}{2^n \cdot n!}\left(\frac{d}{dx}\right)^n (x^2 - 1)$$

(2)Schlaefli 積分

$$P_n(x) = \frac{1}{2\pi i}\frac{1}{2^n}\oint\frac{(t^2-1)^n}{(t-x)}dt$$

(3)拉普拉斯表示法

$$P_n(x) = \frac{1}{\pi}\int_0^{\pi}(x + \sqrt{x^2 - 1}\cos\phi)^n d\phi$$

(4)產生函數

$$\frac{1}{\sqrt{1-2tx+t^2}}=\sum_{n=0}^{\infty}t^nP_n(x)$$

(5)Bonnet 遞迴式

$$(2n+1)xP_n=(n+1)P_{n+1}+nP_{n-1}$$
$$P'_n-2xP'_{n-1}+P'_{n-2}=P_{n-1}$$
$$\begin{cases}P'_{n+1}-xP'_n=(n+1)P_n\\xP'_n-P'_{n-1}=nP_n\\P'_{n+1}-P'_{n-1}=(2n+1)P_n\\(x^2-1)P'_n=nxP_n-nP_{n-1}\end{cases}$$

(6)$P_n(\cos\theta)=\frac{(-1)^nr^{n+1}}{n!}\left(\frac{\partial}{\partial z}\right)^n\frac{1}{r}$

(7)正交性

$$\int_{-1}^{1}P_n(x)P_m(x)dx=\frac{2}{2n+1}\delta_{nm}$$

7.連結勒前德（Associated Legendre）函數

方程式

$$(1-x^2)v''-2xv'+\left[n(n+1)-\frac{m^2}{1-x^2}\right]v=0$$

其中 n 和 m 可為複數，稱為廣義勒前德微分方程，解是

$$v(x)=(1-x^2)^{\frac{m}{2}}\left(\frac{d}{dx}\right)^mP_n(x)\equiv P_n^m(x)\quad m\leq n$$

稱為連結勒前德函數

(1)正交性

$$\int_{-1}^{1}P_n^m(x)P_k^m(x)dx=\frac{2}{2n+1}\frac{(n+m)!}{(n-m)!}\delta_{nk}$$

(2)球諧函數（spherical harmonics）

$$Y_{\ell m} \equiv (-1)^m \left[\frac{2\ell+1}{4\pi}\frac{(\ell-m)!}{(\ell+m)!}\right]^{1/2} P_\ell^m(\cos\theta)e^{im\varphi}$$

$$Y_{\ell,-m} = (-1)^m Y_{\ell m}^*$$

$$P_\ell^{-m} = (-1)^m \frac{(\ell-m)!}{(\ell+m)!} P_\ell^m$$

$$P_l(\cos\gamma) = \frac{4\pi}{2l+1}\sum_{m=-1}^{l} Y_{lm}^*(\theta', \varphi')Y_{lm}(\theta, \varphi)$$

(3)在位理論（Potential theory）中可利用下列公式

$$\frac{1}{|\vec{x}-\vec{x}'|}\sum_{l=0}^{\infty}\frac{r_<^l}{r_>^{l+1}}P_l(\cos\gamma)$$

$$= \sum_{l=0}^{\infty}\frac{4\pi}{2l+1}\sum_{m=-l}^{l}\frac{r_<^l}{r_>^{l+1}}Y_{lm}^*(\theta', \varphi')Y_{lm}(\theta, \varphi)$$

8.赫密（Hermite）函數

赫密方程

$$H'' - 2zH' + 2nH = 0$$

其解為稱為赫密函數

$$H_n(z) = (-1)^n e^{z^2}\left(\frac{d}{dz}\right)^n e^{-z^2}$$

$$= 2(-1)^{\frac{n-1}{2}}\frac{n!}{\left(\frac{n-1}{2}\right)!}zF\left(\frac{1-n}{2}, \frac{1}{2}, z^2\right)$$

有下列性質

(1)遞迴式

$$H_{n+1}(z) = 2zH_n(z) - 2nH_{n-1}(z)$$

$$H'_n(z) = 2nH_{n-1}(z)$$

(2)正交性

$$\int_{-\infty}^{\infty} H_m(z)H_n(z)e^{-z^2}\,dz = \sqrt{\pi}\cdot 2^n \cdot n!\delta_{mn}$$

(3)產生函數

$$e^{-S^2+2Sz} = \sum_{n=0}^{\infty} \frac{H_n(z)}{n!}\cdot S^n$$

9.貝索（Bessel）函數

方程式

$$x^2y'' + xy' - (x^2+n^2)y = 0$$

稱為 n 階貝索微分方程（1784~1846 F.W. Bessel）

解為

$$\sum_{m=0}^{\infty} \frac{(-1)^m x^{n+2m}}{2^{n+2m}\cdot m!\cdot \Gamma(n+m+1)} = J_n(x)\text{，}n \geq 0$$

稱第 1 類貝索函數，及

$$\sum_{m=n}^{\infty} \frac{(-1)^m x^{-n+2m}}{2^{-n+2m}\cdot m!\cdot \Gamma(-n+m+1)} = J_{-n}(x)\text{，}-n < 0$$

當 $n=0$ 或自然數時，另一獨立解為

$$Y_n(x) \equiv \lim_{p\to n} \frac{\cos p\pi J_p(x) - J_{-p}(x)}{\sin p\pi}\text{，}n = 0, 1, 2, ...$$

即第二類貝索函數，有下列性質

(1) $J_0(x) = 1 - \dfrac{x^2}{2^2} + \dfrac{x^4}{2^2\cdot 4^2} - \dfrac{x^6}{2^2\cdot 4^2\cdot 6^2} + \cdots\cdots$

$$J_{1/2}(x) = \sqrt{\frac{2}{\pi x}}\sin x$$

$$J_{-1/2}(x) = \sqrt{\frac{2}{\pi x}}\cos x$$

$$\lim_{x\to\infty} Y_n(x) \to -\infty$$

$$\begin{cases} x \to 0 & J_n \sim \dfrac{1}{n!}\left(\dfrac{x}{2}\right)^n \\ x \to \infty & J_n \sim \dfrac{1}{\sqrt{\pi x}} \cos\left(x - \dfrac{n\pi}{2} - \dfrac{\pi}{4}\right) \end{cases}$$

(2)有用的遞迴式

$$\frac{d}{dt}[x^n J_n(x)] = x^n J_{n-1}(x)$$

$$\frac{d}{dt}[x^{-n} J_n(x)] = -x^{-n} J_{n+1}$$

$$J_n'(x) = \frac{1}{2}[J_{n-1}(x) - J_{n+1}(x)]$$

$$x J_n'(x) = n J_n(x) - x J_{n+1}(x)$$

(3)正交性

$$\int_0^a \rho J_v\left(x_{vm}\frac{\rho}{a}\right) J_v\left(x_{vn}\frac{\rho}{a}\right) d\rho = \frac{a^2}{2}[J_{v+1}(x_{vm})]^2 \delta_{mn}$$

單奇異點（single singular point）

10.艾瑞（Airy）函數

微分方程

$$\frac{d^2y}{dx^2} = xy$$

有下列線性獨立解

$$A_i(x) = \frac{1}{\pi}\int_0^\infty \cos\left(\frac{s^3}{3} + sx\right) ds$$

$$B_i(x) = \frac{1}{\pi}\int_0^\infty \left(e^{-\frac{s^2}{3} + sx} + \sin\left(\frac{s^3}{3} + sx\right)\right) ds$$

而有漸進式

$$A_i(x) \xrightarrow{x \gg 1} \frac{1}{2\sqrt{\pi}x^{1/4}} e^{-\frac{2}{3}x^{3/2}}$$

$$B_i(x) \xrightarrow{x \gg 1} \frac{1}{\sqrt{\pi}x^{1/4}} e^{\frac{2}{3}x^{3/2}}$$

注意艾瑞函數可由 1/3 階貝索函數表示。

人名中英文對照

艾瑞	Airy
亞里士多德	Aristotle
巴爾末	Balmer
貝索	Bessel
波耳	Bohr
波色	Bose
庫倫	Coulomb
道耳吞	Dalton
德布羅依	De Broglie
德莫克里特斯	Democritus
狄拉克	Dirac
戴森	Dyson
愛因斯坦	Einstein
歐拉	Euler
費米	Fermi
費許巴赫	Feshbach
傅立葉	Fourier
高斯	Gauss
格林	Green
漢密爾頓	Hamilton
海森堡	Heisenberg
赫密	Hermite
希爾柏特	Hilbert
賈可比	Jacobi
拉格朗吉	Lagrange
拉蓋耳	Laguerre

拉普拉斯	Laplace
勒貝格	Lebesgue
勒前德	Legendre
留西帕斯	Leucippus
李維爾	Liouville
馬克斯威爾	Maxwell
牛頓	Newton
歐本海默	Oppenheimer
泡利	Pauli
普朗克	Planck
彭卡瑞	Poincare
泊松	Poisson
里茲	Ritz
盧瑟福	Rutherford
芮得柏	Rydberg
水丁格	Schrödinger
西格	Sigert
索末斐	Sommerfeld
史特林	Stirling
司徒姆	Sturm
泰勒	Taylor
湯姆生	Thomson
崔特	Trotter
凡得瓦爾	van der Waals
則曼	Zeeman

國家圖書館出版品預行編目資料

應用量子力學／趙聖德著．－－初版．
－－臺北市：五南，2010.05
面；　公分
ISBN 978-957-11-5969-0（平裝）
1.量子力學
331.3　　99006492

5BE2

應用量子力學
Applied Quantum Mechanics

作　　者 — 趙聖德（341.3）
發 行 人 — 楊榮川
總 編 輯 — 龐君豪
主　　編 — 穆文娟
責任編輯 — 陳俐穎
封面設計 — 簡愷立
出 版 者 — 五南圖書出版股份有限公司
地　　址：106台北市大安區和平東路二段339號4樓
電　　話：(02)2705-5066　　傳　　真：(02)2706-6100
網　　址：http://www.wunan.com.tw
電子郵件：wunan@wunan.com.tw
劃撥帳號：01068953
戶　　名：五南圖書出版股份有限公司

台中市駐區辦公室/台中市中區中山路6號
電　　話：(04)2223-0891　　傳　　真：(04)2223-3549
高雄市駐區辦公室/高雄市新興區中山一路290號
電　　話：(07)2358-702　　傳　　真：(07)2350-236

法律顧問　元貞聯合法律事務所　張澤平律師

出版日期　2010年5月初版一刷
定　　價　新臺幣420元

凝煉知識品味閱讀